KB053340

일러두기

책에 담지 못한 사진과
자료를 볼 수 있습니다.

• 이 책에 실린 사진은 2021년부터 2022년까지 평화나무농장에서 찍은 것이다.
• 사진 설명 중 (   ) 안에 있는 숫자는 『자연과 사람을 되살리는 길』에서 인용한 쪽수이다.
• 본문에 나오는 '생명역동농법 증폭제'는 독일어 'preparate'를 번역한 것으로 이전에는 '예비제'로 불리기도 했다.

김준권의 생명역동농법 증폭제

김준권 지음

1판 1쇄 발행 2023년 4월 10일

펴낸곳   (사)발도르프 청소년 네트워크 도서출판 푸른씨앗

책임 편집 남승희 | **편집** 백미경, 최수진, 김기원, 안빛 | **번역기획** 하주현
사진 남승희 | **디자인** 유영란, 문서영 | **홍보마케팅** 남승희, 이연정

등록번호 제 25100-2004-000002호
등록일자 2004.11.26.(변경 신고 일자 2011.9.1.) | **주소** 경기도 의왕시 청계로 189 | **전화** 031-421-1726
페이스북 greenseedbook | **카카오톡** @도서출판푸른씨앗 | **전자우편** gcfreeschool@daum.net

www.greenseed.kr

값 25,000 원
ISBN 979-11-86202-59-3

이 책의 저작권은 [사] 발도르프 청소년 네트워크 도시출판 푸른씨앗에 있습니다.
저작권법에 따라 한국 내에서 보호를 받는 저작물이므로 무단 전재와 복제를 금합니다.

김준권의
생명역동농법 증폭제

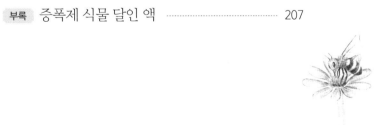

한 번밖에 없는 삶, 자신의 삶을
바칠 만한 가치 있는 일은 무엇인가?

'한 번밖에 없는 삶, 자신의 삶을 바칠 만한 가치 있는 일은 무엇인가?'라는 질문에서 시작된 나의 농부로서의 삶이 어느덧 47년이 되었다. 생명역동농법을 만나 그것을 새로운 농사 방법으로, 농사 철학으로 받아들인 지는 20년이 지났다. 관행 농업에서 유기농으로 대전환을 이루고 거기에서 다시 생명역동농업으로 올라서는 것으로 나는 농부로서 삶의 지평을 넓혀 왔다.

반세기 전만 하더라도 우리나라는 인구의 약 70%가 농민이었고 쌀이 주요 생산물이었다. 여전히 '농경 사회'라고 말해도 좋을 시절이었다. 길거리에서 얼굴을 마주치는 사람 대부분이 농부였다고 하면 얼른 이해가 될지 모르겠다. 당시 나는 '한국 유기 농업의 아버지'로 불리는 원경선[1] 선생(훗날 나의 장인어른이 되셨다)이 운영하는 부천에 있는 〈풀무원 농장〉 연수생이었다. 풀무원 농장은 다 같이 농사지으며 소박하게 사는 기독교 공동체였다. 1975년 9월에 원경선 선생은 그동안 교류해 온 고다니 준이치[2] 선생을 한국으로 초청하여 3박 4일에 걸친 강연회를 열었다. '유기 농업'을 처음 접한 건 그때였다. 고다니 선생은 일본이 고도의 산업 사회가 한창 진행되어 오염과 공해가 심각한 사회 문제로 대두하고 있다는 것을 알려 주며 그 해결 방법이 유기 농업이라고 말씀하셨다. 그때 고다니 선생께서는 "인간은 누구나 가치 있는 일에 자신을 사용하고 싶어 한다."는 말씀을 해 주셨다.

▶ 고다니 준이치 선생의
첫 번째 강연을 들은
사람은 40명이 넘었다.
감동을 받은 사람들은
원경선 선생께 고다니
선생을 다시 초청해 줄
것을 부탁했고 이듬해인
1976년 1월에 고다니
선생의 두 번째
강연회가 열렸다.
그 자리에서 우리나라
최초의 유기농 단체인
〈정농회〉가 탄생했다.
정농회라는 이름도
원경선 선생이 지으셨다.

▶▶ 1995년
원경선 선생(왼쪽)과
고다니 준이치 선생

내가 생각하는 가치를 추구하는 삶이란 사회적으로 중요한 일, 즉 사회 기여도가 높은 일을 하는 것을 말한다. 이 세상에서 가장 귀중한 것이 무엇인가? 그것은 생명이다. 성경에 "사람이 만일 온 천하를 얻고도 자기 목숨을 잃으면 무슨 유익이 있느냐, 무엇과 목숨을 바꾸겠느냐?"라는 말씀이 있다. 자동차, 텔레비전, 냉장고, 컴퓨터 등이 없어도 사람은 죽지 않는다. 그러나 밥을 먹지 않으면 사람은 살 수가 없다. 생명의 원천이 되는 먹을거리를 생산하는 일이 곧 농업이다. 농민은 단순히 경제적인 가치만을 생산하는 것이 아니라 세계를 유지하고 있는 것이다. 또 농업과 농촌은 인간 생존의 토대인 토양과 생태 환경 등을 보존하고 인간에게 편안하고 위로가 되는 아름다운 휴식처를 제공하는 역할도 한다. 그렇기 때문에 농사를 짓는다는 것은 사회 기여도가 가장 높은 일이라 할 수 있다. 나는 농업이야말로 사람이 갖는 수많은 직업 중에서 가장 중요하며 가장 가치 있는 일이라고 생각한다.

그때 풀무원 농장에서 함께 먹고 자며 꼬박 4일간 고다니 준이치 선생의 강연을 들은 40여 명의 참가자들은 두 번째 강연회가 끝난 마지막 날 밤에 다 같이 유기 농업으로 전환하겠다고 다짐했다. 농약과 화학 비료로 농사를 짓는 것이 당연하던 시절이었다. 생존을 위협받을 수도 있는 엄청난 모험이었다. 게

다가 유기 농법으로 짓는 농사 자체도 쉬운 일이 아닐 것이었다. 그러나 농민들이 농약에 중독되고, 농약과 화학 비료로 생명력이 저하된 농산물을 먹는 소비자가 생명과 건강을 위협받는다면 바른길이 아닌 것이다.

하지만 유기 농법으로 농사를 짓는 것은 쉬운 일이 아니었다. 그 당시 외진 곳이었던 경기도 양주로 풀무원 농장을 옮기고 유기 농업을 본격적으로 시작하였다. 그러다가 몸담고 있던 풀무원 농장에서 나와 독립적으로 농사를 지으려고 준비를 하던 때 일본에서 1년간 농촌 지도자로서 리더십을 공부할 기회가 있었다. 일본 북부 도치기현에 있는 ARI Asian Rural Institute[3]에서 운영하는 1년 과정의 '농촌 지도자 양성 전문학교'에서였다. 아시아와 아프리카의 농촌 지도자들을 초청해 함께 농사를 지으며 유기 농업의 이론도 가르치고 농업과 농촌의 지도자로서 능력과 소양을 길러 주는 것이 목표인 학교였다. 교육 과정은 이론보다는 실천을 중심으로 짜여 있었다. 필요한 경우에라도 이론은 최소화하였으며 모든 것을 현장에서 실행하는 것에 목표를 두고 있었다. 실천을 능가하는 이론은 존재하지 않으니까 당연한 것이었다.

매일매일의 일상이 수업이었다. 밭농사, 논농사, 소·돼지·닭 등의 가축 사육과 공동생활을 위해 필요한 청소와 정돈, 음식 조리와 서비스, 시설 보수와 정비, 주변 자연환경 관리 등을 연수생들이 돌아가며 맡아서 했다. 그 외에도 협동조합 설립과 운영, 회의 진행 등 공동체의 리더가 갖추어야 할 기본 덕목을 정식 과정으로 배웠다.

그 학교에는 연수생 모두가 함께 배우는 봄 학기와 가을 학기가 기본으로 있었고 그 외에 여름 학기가 있었다. 여름 학기에는 본인이 관심 있는 과제를 선택해서 배울 수 있었다. 연수생이 원하는 과제를 선정하면 학교에서는 연수생이 자신의 과제를 잘 시행할 수 있도록 뒷받침했다. 과제와 관련된 실습지를 찾지 못하면 알맞은 곳도 찾아 주고 그 과정에서 드는 모든 비용도 학교가 부담하였다.

나는 후구오카 미사노부[4]의 자연 농법을 여름 과제로 선택하였다. 자연 농법은 내가 일본에 가게 된 동기 중의 하나였다. 후쿠오카 선생이 주창한 4무 농법4無農法이란 밭도 갈지 않고(무경운), 비료도 주지 않고(무비료), 농약도 치지 않고(무농약), 제초도 하지 않는(무제초) 농법이다. 4무농법은 매력적일 수밖에 없다. 농업의 가장 기본적인 위의 네 가지 행위를 하지 않는다는 것은 사실상 아무 일도 하지 않는 것이나 다름없는데 그러고도 관행 농법만큼 수확할 수 있다니 이 얼마나 황홀한 농사 방법인가? 그 이론과 실제는 그의 저서『짚 한 오라기의 혁명』(녹색평론사, 2011)에 기술되어 있다.

그런데 그의 농장에 도착해서 둘러보고는 크게 실망했다. 후쿠오카 선생의 이론이 실천되고 있는 현장이어야 할 농장은 풀로 뒤덮여 있었으며 변변한 작물은 눈에 보이지 않았다. 아무것도 할 필요가 없다는 그의 농장에는 또한 아무것도 거둘 것이 없어 보였기 때문이다.

농장이 있는 시코쿠의 에히메현은 귤 주산지여서 그의 농장에도 귤나무가 있었다. 귤을 따 먹어 보았는데 귤이 얼마나 시고 맛이 없는지 두 개를 먹을 수가 없었다. 군것질 식품인 귤은 맛이 있어야 한다. 생존에 필수불가결한 것이라면 다소 맛이 없어도 먹을 수 있지만 맛없는 과일을 계속 먹을 수는 없지 않은가. 그 외에도 콩, 오이, 옥수수 같은 작물도 여기저기 조금씩 눈에 띄었지만 제대로 수확할 만한 것은 없어 보였다. 논에도 가 보았지만 거기에도 벼와 풀이 반반 섞여 있어서 도저히 제대로 수확을 할 수 있을 것 같지 않았다. 벼는 밭작물보다 기르기 쉬운데도 그랬다. 결국 실망만 가득 안고 돌아왔다.

수확이 전혀 없었던 것은 아니다. 이렇게 길게 후쿠오카 마사노부 선생의 농장을 방문한 이야기를 한 것은 그것이 생명역동농법으로 연결되는 계기가 되었기 때문이다. 그의 농장을 다녀온 후에 나는 좋은 농사 방법이란 무엇인가에 대해서 깊이 생각하게 되었다. 이름이 널리 알려지거나 훌륭하다고 소문이 난 농법이라고 해서 무조건 마음이 끌리지는 않았다. 좋은 농사란 궁극적으

로는 먹어도 안전하고 영양가 있는 농산물을 단위
면적당 안정적으로 수확할 수 있다면 충분하다는
생각으로 정리되었다. 거창한 이론의 농법이라 하
더라도 농산물을 제대로 수확할 수 없다면 의미가
없다고 생각되었다. 거기에 생산의 토대인 토양이
비옥하고 생명력 넘치는 상태로 후대에까지 이어
질 수 있다면 더 이상 바랄 것이 없으리라.

　　일본에 1년간 다녀오고 5년이 지난 1995년
에 〈정농회〉[5]에서 매년 겨울에 여는 연수회에 필
로 드니[6] 선생을 강사로 모셨다. 드니 선생은 프랑
스 분으로 일본인 부인 가노 요시코 님과 일본 큐
슈의 아소산 자락에서 30년간 생명역동농법으로
농사를 짓고 있는 분이었다. 그때 생명역동농법은
이름조차 생소했다. 내용은 더욱 받아들이기 어려

2017년 1월, 4일
동안 진행된 『자연과
사람을 되살리는 길』
특강을 마치고 강사인
필로 드니,
가노 요시코와 함께

웠다. 생명역동농법으로 농사를 하려면 증폭제라는 것을 써야 하는데 대표적인
증폭제인 소똥 증폭제는 가을에 암소의 뿔에 암소의 똥을 넣어서 6개월간 땅속
에 묻어 둔 다음 이듬해 봄에 꺼내서 1시간 동안 좌우로 교반하여 땅에 뿌린다는
것이다. 설명을 들으면서도 왜 그래야 하는지 이해할 수 없었다. 소의 두개골에
참나무 껍질을 넣어 6개월간 땅속에 묻어 두었다가 꺼내어 퇴비 더미 속에 넣는
참나무껍질 증폭제를 만드는 일은 기괴하기까지 하였다. 수사슴의 방광에 톱풀
꽃을 넣는 톱풀 증폭제 등, 이러한 증폭제는 아홉 가지가 되었다. 거기에 열두
별자리와 각 행성들이 가지고 있는 성질과 식물과의 관계를 이야기할 내는 말
자체를 이해하기 바쁠 지경이었다. 강연을 들으며 대부분의 회원들이 졸았다.
다른 사람들이 잔다고 연수회의 진행을 맡고 있는 총무인 나까지 잘 수는 없어
서 무슨 말인지 이해가 가지는 않았지만 끝까지 듣는 고행을 감수했다. 그렇게

나와 생명역동농법의 인연이 시작되있다.

생명역동농업[7]은 제1차 세계 대전이 끝나고 5년이 지난 1924년 한 강의에서 시작했다. 당시 화학 농사로 인해 종자와 재배 식물의 품질이 현저히 떨어지는 문제가 농부들 사이에 대두되었고 이에 농부들은 인지학에 바탕을 둔 정신과학을 창시한 루돌프 슈타이너에게 그 해결 방안에 대한 강의를 간곡히 요청했다. 1924년 독일 코베르비츠에 있는 카이저 링크 백작의 농장에서 8일 동안 열린 이 농업 강의에는 백여 명이 넘는 사람이 참석했고, 이후 강의록[8]은 세계 40여 개국의 언어로 번역되어 전 세계 생명역동농업인들의 손에 들려서 그 원리서로 사용되고 있다. 우리나라에도 『자연과 사람을 되살리는 길』(평화나무 출판사, 2002)이라는 제목으로 번역되어 있다.

생명역동농업은 슈타이너의 강의 이후 100년 가까운 세월이 흐르는 동안 수많은 사람의 열정적인 실험과 실천으로 튼튼한 뿌리를 내리고 전 세계로 확산되었다.

루돌프 슈타이너는 생명역동농법을 실행하는 개별 농장은 독립된 유기체여야 한다고 했다. 간장, 심장, 비장, 폐장, 신장 등 오장육부가 각각 독립된 기관이지만 실제로는 우리 몸에서 서로 연결되어 있듯이 생명역동 농장은 땅과 식물과 동물과 농부가 사슬처럼 하나로 연결되어 있어야 한다는 것이다. 나는 아침마다 그 하나하나와 내가 서로 연결되어 있는 관계임을 체험한다. 그 안에서 농부인 나 자신도 육체와 정신의 건강이 유지되고 있다는 것을 느낀다.

1995년 생명역동 증폭제를 열심히 써야겠다는 마음을 먹고(처음에는 완전히 신뢰하지 못한 채로 증폭제를 사용하고 있었다) 이곳 〈평화나무농장〉 부지를 구입하였을 당시 이 땅은 매우 척박했다. 이전 주인이 오랫동안 화학 비료로 복숭아를 길렀던 땅이다. 내가 처음 보았을 때 복숭아나무는 캐내서 없었지만 키가 큰 쑥이 밭을 온통 뒤덮고 있었다. 쑥만 무성한 것이 아니라 돌도 많았다. 이곳으로 완전히 이주하기까지 틈틈이 밭에 있는 돌을 골라냈다. 처음에는 비료 요구량이 많은 잎채소류가 제대로 재배되지 않았다. 씨를 뿌리면 발아는 하였으나 제대로 자라지 못했다. 마늘을 비롯한 뿌리 식물들도 심었는데 마늘은 크기가 손가락 한 마디 정도였고 알타리 무나 당근 등은 너무 딱딱하여 먹을 수 없는 지경이었다. 해마다 꾸준히 유기물의 투입량을 늘려가자 점차적으로 토양이 좋아졌고, 소똥 증폭제를 비롯한 여러 증폭제를 사용하자 땅이 활기를 찾기 시작했다. 작물이 자라는 상태로 미루어 보아 땅이 활력을 회복해 가는 것을 알 수 있었다. 여러 해가 지난 지금은 어떤 작물을 심어도 잘 자라는 기름진 땅이 되었다.

생명역동농업 농장의 두드러진 특징 중 하나가 독립되어 자체적으로 유지가 가능해야 한다는 것이다. 그래서 생명역동 농장에서는 소를 비롯한 여러 가축을 사육할 뿐만 아니라 농작물도 다양하게 기른다. 우리 농장에서도 소를 비롯해 유산양(젖염소), 닭을 사육하고 꿀벌도 친다. 농장을 방문하는 사람들이 힘들지 않냐고 가끔 물어보지만 나는 어려서부터 동물을 아주 좋아했다. 그래서인지 동물을 사육하는 일은 어렵지 않고 농부로서 나의 삶을 풍요롭게 해 준다. 특히 증폭제의 주요 재료가 되는 소똥과 소뿔을 얻기 위해서는 소가 꼭 필요하다. 그렇다고 무작정 많이 키우지는 않는다. 우리 농장의 면적은 2ha를 조금 넘는다. 농장을 비옥하게 만들 수 있는 적정 두수인 25~30마리만 정성껏 사육한다. 산양한테서는 젖을, 닭에서는 달걀을, 벌에서는 꿀을 얻는다.

기르는 작물은 1년에 50여 가지가 넘는다.

월터 골드스타인 박사는 1995년 우리 농장에서 일주일을 머물며 증폭제에 대한 많은 설명을 해 주었다.

농장은 동남쪽이
넓게 트여 있어서
아침 햇살과 낮의
햇볕을 충분히 받아
작물이 잘 자란다.
반면에 북서쪽에는
꽤 높은 산이 겨울
북풍을 막아 주어
아늑하다.

벼, 보리, 밀, 귀리 등 곡식류와 함께 주된 작물인 토마토를 비롯해 배추, 무, 고
추, 마늘, 양파 등을 기른다. 자급을 위해 많은 종류의 농산물을 심지만 또한 다
양한 상품으로 만들어 판매하기 위한 것이기도 하다.

　　우리 농장에서 기른 농산물과 먹을거리를 먹어 본 사람들은 맛이 아주 좋
고 독특하다는 이야기를 많이 한다. 맛이라고 하는 것이 농산물이 가져야 할 최
고의 가치는 아니지만 농산물의 품질을 평가할 수 있는 직접적인 방법이다. 식
품의 안전성과 영양가 등이 품질을 결정하는 우선적인 요소이긴 하지만 그것

이 검사와 분석 등의 과정을 거쳐야만 알 수 있다면 맛은 바로 평가가 가능하다. 맛이 좋다고 하는 것은 일련의 재배 과정을 통해 생산된 작물이 충분히 훌륭하다는 것을 증명하는 또 다른 방법이라고 할 수 있다.

　　유기 농업이 큰 의미에서 재생과 순환이라고 하는 자연의 질서 속에서 농사를 짓는 것을 뜻한다고 본다면 나는 생명역동농업이야말로 그 범주에 들어간다고 생각한다. 토양과 환경과 사람의 건강을 지속적으로 유지하는 생산 방식이기 때문이다. 생명역동농법으로 생산된 먹을거리는 활력을 풍부히 가지고 있다는 점에서 유기 농산물과 구별된다. 활력은 일반적으로 알기가 쉽지 않다. 생명역동농법으로 생산한 농산물은 까다로운 인증 과정을 거쳐 〈데메터Demeter〉라는 상표로 출시되고 있다. 현재 데메터 상품은 전 세계 시장에서 가장 뛰어난 품질의 농산물로 인정받고 있다. 생명역동농업으로 재배한 작물의 활력을 시험하는 별도의 기구가 있다. 활력은 농산물을 그냥 섭취할 때는 물론 요리하여 음식으로 만들어 먹을 때도 느낄 수가 있다. 우리 농장도 데메터 인증을 받을 계획을 갖고 있다.

생명역동농업은 기능성 물질을 만들거나 생산량을 부풀리는 생산량 확대만을 목적으로 하는 것이 아니다. 농업과 공업은 차이가 분명하다. 공업은 자연을 비롯한 장애가 되는 모든 환경을 인위적으로 극복하며 발전해 왔다. 자동차 공장에서는 주문이 갑자기 늘어나면 별도의 시설 라인을 신설하고 24시간 밤낮없이 계속 돌리면 원하는 만큼 생산품을 만들어 낼 수 있다. 반면 농업은 계절, 온도, 밤과 낮, 비나 눈 같은 자연환경과 재생과 순환이라는 지구의 리듬에 순응하여 그것에 따를 수밖에 없다. 그것이 농업 본래의 모습이다. 쌀이 갑자기 100kg이 더 필요하다고 해서 1년에 두 번 쌀농사를 할 수는 없다. 1년이라는 기다림이 필요하다. 농사는 자연의 리듬에 순응하는 것이지 그것을 극복하거나 거스를 수 있는 일이 아니다.

요즘은 농업에 대한 인식이 다소 달라지기는 했으나 도시 직장인에 비해서 일이 힘들고 소득도 낮아 젊은이들에게 환영을 받지 못하고 있는 것에서는 지금도 크게 다를 게 없을 것이다. 또한 농민의 사회적 신분도 낮다보니 젊은 세대가 관심을 갖지 않는 것은 어쩌면 당연하다 하겠다. 그러다 보니 대를 이을 사람이 없어서 농촌에 희망이 보이지 않는 게 현실이다.

생명역동농업을 통해 우리나라 농업의 건강한 미래를 그려 본다. 전 세계 와인 시장에서 데메터 와인은 최고의 와인으로 손꼽히는 상품이다. 우리나라 에서도 타고난 독특한 기후 풍토에 생명역동농업 재배 방식을 더하면 세계 최고의 농산물을 만들 수 있다고 말해도 무리가 아닐 것이다. 예를 들어 우리나라 약용 식물의 약리 작용이 매우 뛰어난 것으로 알려져 있다. 대표적인 식물이 인삼인데 인삼의 주성분인 사포닌은 일본이나 중국 등 주변 국가에서 재배되는 동일한 품종에 비해서 그 함량이 월등히 높다. 혈액 응고 방지제의 원료인 은행잎도 우리나라에서 생산되는 것의 약용 성분이 가장 뛰어나다고 한다. 아마 다른 것도 검사해 보면 그 외의 모든 식물에서도 동일한 결과가 나오지 않을까 생각한다.

나는 이 책에서 생명역동농법의 핵심인 증폭제의 제조와 사용에 대해 설명하고자 한다. 이 책이 우리나라에서 생명역동농법을 실천하려는 사람들에게 길잡이로서 좋은 안내서가 된다면 더 이상 바랄 게 없겠다. 세계 최고의 농산물을 만들고자 하는 장인 정신을 가진 누군가가 이 책이 제시하고 있는 생명역동농법을 따른다면 그 꿈이 불가능한 일도 아닐 것이라고 확신한다.

겸손과 감사가 어린 녀석들의 눈을 보고 있노라면 나도 모르게 그들에게 동화되곤 한다.

생명역동농업과 증폭제

증폭제란

무엇인가

증폭제는 생명의 기운과 별 기운을 극도로
응축되어 있게 만든 것으로 토양을 비옥하게 하고
작물의 수확량과 품질을 좋게 만든다.

사람은 매일 음식을 먹으며 살아간다. 맛있고 영양가 있는 먹을거리는 인간의
삶을 활기차고 건강하게 해 준다. 건강한 삶을 유지하게 해 주는 것이 농업이
다. 농업이 실패하면 일차적 피해자는 물론 농민이다. 그러나 음식을 먹고 살고
있는 모든 사람에게 그 피해가 가는 것은 자명한 일이다.

　　생명역동농업은 1924년 루돌프 슈타이너가 화학 농법으로 황폐해져 가
는 땅을 활력 있게 되살리는 방법으로 제안한 농업 방식이다. 건강하고 생명력
넘치는 농산물은 건강하고 활력 있는 땅에서 만들어진다. 더 나아가 생명역동
농업의 최종 목표는 사람의 정신과 육체를 조화롭고 건강하게 하는 데 있다고
할 수 있다.

　　이러한 생명역동농업에서 가장 중요하게 여기는 것이 생명역동농법 증폭
제(이하 증폭제)이다. 증폭제는 생명의 기운과 별 기운을 극도로 응축되어 있
게 만든 것으로 토양을 비옥하게 하고 작물의 수확량과 품질을 좋게 만드는 데
도움을 준다. 궁극적으로 자연을 살리고 사람이 건강한 삶을 꾸려 나갈 수 있게

하는 데 그 사용 목적이 있다.

모두가 알다시피 농사에서 가장 중요한 것이 토양이다. 농사를 지으려고 할 때 제일 먼저 하는 일이 땅을 가는 것이다. 루돌프 슈타이너는 식물이 병든다는 것은 식물 자체가 병이 드는 것이 아니라고 밝히면서 병든 식물을 둘러싸고 있는 환경, 특히 땅에서 병의 원인을 찾아야 한다고 했다.

내가 자주 인용하는 루돌프 슈타이너의 말이 있다. "어떤 사람이 나침반 바늘이 한쪽은 언제나 북쪽을 가리키고 다른 쪽은 언제나 남쪽을 가리킨다는 사실을 찾아내고는 왜 그럴까? 하고 그 이유를 생각합니다. 그 사람은 나침반 바늘 속에서 원인을 찾지 않고 남쪽과 북쪽 끝에 자장 중심이 놓여 있는 지구 전체에서 그 원인을 찾습니다. (중략) 왜냐하면 나침반 바늘이 늘 특정한 방향을 가리키는가를 이해하려면 나침반 바늘이 지구 전체와 어떠한 상관관계 속에 있는가를 알아야만 가능하기 때문입니다. (중략) 지금 무가 밭에서 자라고 있다고 합시다. 무가 잘 자라고 못 자라고는 수많은 주변 요소에 달려 있습니다. 더구나 어떤 요소는 지구뿐만 아니라 지구를 둘러싸고 있는 온 우주에 놓여 있을 수도 있습니다. (중략) 오늘날 많은 사람들은 넓은 우주에서 오는 영향은 아예 생각하지 못하고 오직 눈앞에 보이는 것만 보고 실제 생활을 이해하려 하고 또 방향을 정합니다." 작은 작물 하나가 자라는 데도 우주 전체가 작용한다는 말이다. 이것이 생명역동농법을 이해하고 실천하는 바탕이 될 수 있으면 좋겠다. 증폭제 역시 이런 인식이 토대가 될 때 그 가치를 제대로 알고 사용할 수 있다.

증폭제에는 소똥 증폭제(500), 수정 증폭제(501), 톱풀 증폭제(502), 캐모마일 증폭제(503), 쐐기풀 증폭제(504), 참나무껍질 증폭제(505), 민들레 증폭제(506), 쥐오줌풀 증폭제(507), 쇠뜨기 증폭제(508) 등 9가지가 있다. 증폭제들은 모두 이름이 달라서 구별이 되지만 국제 간에 통용할 경우 혼동의 우려가 있어서 고유 번호가 부여되어 있다.

겨울 동안 땅속에
묻어 둘 증폭제 재료.
10월 말 사람들과
함께 1년 동안 준비한
재료로 증폭제를
만든다.

이 증폭제들은 사용 방법에 따라 두 가지로 나눌 수 있다. 하나는 '살포용 증폭제'로 작물이나 토양에 직접 살포하여 사용하는 소똥, 수정, 쥐오줌풀, 쇠뜨기 증폭제가 있다. 다른 하나는 '퇴비용 증폭제'인데 퇴비 더미에 넣어 퇴비의 효과를 높이는 톱풀, 캐모마일, 쐐기풀, 참나무껍질, 민들레 증폭제가 있다.

9가지 증폭제 중 소똥은 소뿔에 넣어서, 증폭제용 식물은 동물의 내장 기관이나 두개골 같은 동물성 재료에 싸서 겨울 동안 땅속에 묻어 둔다. 10월 말경에 땅에 묻어서 이듬해 4월에 캐낸다. 10월부터 이듬해 4월까지는 땅이 겉으로 보기에 모든 생명 기운이 쇠하고 죽은 듯이 보여서 에너지의 움직임이나 물의 기운과 흙의 활동이 거의 없다고 생각되지만 실제로 땅속에서는 물과 흙의 기운이 가장 활발할 때다. 이 기간 동안 땅속에서는 식물이 성장할 수 있는 모든 준비를 한다. 태양의 영향을 적게 받는 겨울 동안은 상대적으로 먼 우주의 빛과 열 기운을 더 잘 받을 수 있기 때문이다.

9가지 증폭제를 만들려면 봄에서 가을까지 거의 1년 동안 재료를 준비해야 한다. 식물성 재료는 기르는 철이나 수확하는 때가 각기 다르기 때문에 충분히 빠짐없이 확보하려면 실제로 1년 내내 생각하고 쉼 없이 움직여야 한다. 톱풀, 캐모마일, 민들레, 쥐오줌풀은 봄에 잘 길러서 수량을 충분히 확보하여 말린 후 가을에 증폭제를 만들 때까지 잘 보관해야 한다. 필요한 동물성 재료 즉, 소뿔, 소의 장막, 수사슴의 방광, 소의 두개골 같은 것들도 미리미리 혹은 제때 충분히 확보해서 증폭제를 만들 때 없어서 만들지 못하는 일이 없도록 해야 한다.

생명역동 농장에서는 반드시 증폭제를 사용해야 한다. 그러나 증폭제만 쓴다고 다 생명역동 농장이라고 하기에는 부족하다. 농장이 하나의 독립된 유기체로서 건강을 유지하려면 농장에서 필요한 모든 것을 농장 자체적으로 이끌어 낼 수 있어야 한다. 농장에서 기르는 동물이 농장에서 자라는 식물을 먹고 소화 배설 과정을 거쳐 배설물을 낼 때 그 땅에 아주 적합한 거름을 줄 수 있기 때문이다. 우리 농장에서는 여건상 직접 준비하지 못하는 증폭제 재료가 한두 가지가 있기는 하나 여러 방법으로 적합한 것을 마련하려 애쓰고 있다.

생명역동농법을 처음 접한 사람들은 의문을 가질 수 있다.

"루돌프 슈타이너가 100여 년 전에 강의한 내용이 생명역동농법의 바탕을 이루고 있는데 100년이란 세월이 지나는 동안 많은 여건이 변했을 텐데, 지금도 그때와 같은 효과를 얻을 수 있는가?"

그 100년 동안 유럽을 비롯한 전 세계의 많은 사람이 생명역동농법에 대해 연구하고 실험하고 있다. 광우병 파동으로 동물의 내장 기관이 국경을 넘을 수 없는 일이 발생하였을 때에 증폭제를 감싸는 동물의 기관을 구하지 못하게 되자 동물의 기관 없이도 증폭제의 효력을 변하지 않게 하는 식물로 대체하기도 했다. 그러나 루돌프 슈타이너가 증폭제 원료로 제시한 식물보다 더 효과가 있는 식물을 발견하지 못했고 다른 원리를 찾아내지도 못했다. 많은 시간이 지났다고 피타고라스 정리가 바뀌지 않는 것처럼 여러 현장에서 계속해서 증명되고 있는 루돌프 슈타이너가 제시한 생명역동농법의 원리와 효과는 변하지 않았다.

다음은 증폭제를 만들고 사용하기 위해 내가 1년에 걸쳐 작업하는 내용이다. 더불어 증폭제의 재료와 제조 원리를 비롯해 증폭제의 효과[9]도 함께 소개한다.

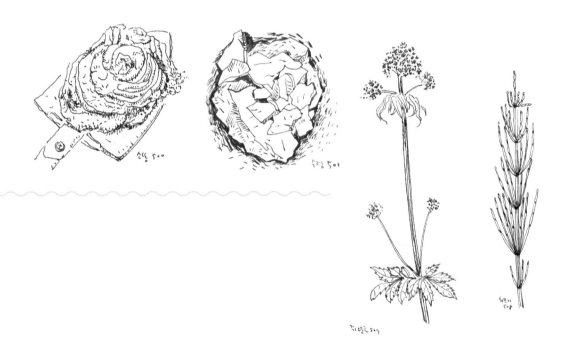

살포용 증폭제

소똥 증폭제 *500*
수정 증폭제 *501*
쥐오줌풀 증폭제 *507*
쇠뜨기 증폭제 *508*

증폭제는 사용 방법에 따라 '살포용'과 '퇴비용'으로 나눈다. 먼저 '살포용 증폭제'는 작물이나 토양에 직접 살포해서 사용하는 증폭제로 소똥, 수정, 쥐오줌풀, 쇠뜨기 증폭제이다.

이 중 소똥 증폭제와 수정 증폭제는 생명역동농업에서 바탕을 이루는 증폭제이다. 꾸준히 살포하면 적은 양으로 토양과 작물에 활기를 주고 생명력을 촉진시킬 수 있다. 경작지가 비옥하게 되고 농작물의 품질이 좋아질 뿐만 아니라 수확량도 늘어난다.

쥐오줌풀 증폭제와 쇠뜨기 증폭제는 만들고 사용하는 방법이 비교적 간단하다. 다른 증폭제와 섞거나 같이 사용하여 시간을 절약하고 사용 편의성을 높이기도 한다.

소똥 증폭제 *500*

땅을 활력 있고 기름지게 만드는 것은 농사의 기본이다.
땅을 비옥하게 하기 위해 소뿔과 소똥을 이용하여
겨울 동안 증폭제를 만든다.

소의 차분한 시선에는 만족스러운 평화와 편안함이 깃들어 있다. 특히 되새김질할 때 소는 자기의 존재 전체를 소화하는 일에 집중한다. 소는 망막에서 빛을 가장 정확하게 받아들이는 부위인 황반이 없다. 그들에게 세상은 번진 것처럼 뿌옇게 보인다. 소는 반쯤 깨어 있는 무의식적인 상태에서 되새김질하며 소화를 시킨다. 우리 농장이 생명역동 농장으로 서면서부터는 우리가 기르는 소의 역할이 더욱 커졌다. 소는 우리 농장의 중심이다.

　일반 사람들은 물론이고 소를 기르는 사람들조차도 소의 뿔이 소화기관의 일부라는 것을 알고 있는 경우가 드물다. 우리나라 송아지 경매장에서는 뿔을 제거하지 않은 송아지는 이예 경매장에 들어오지도 못하게 하는 곳도 있다고 한다. 앞으로 소뿔 구하기가 점점 어려워질지도 모른다. 소를 여러 마리 사육하면 뿔이 있는 소들이 다투다가 서로 해를 입히기도 한다. 오래전 이야기이지만 우리 농장에서도 임신한 소가 성질이 사나운

이른 봄에 여름 작물인 귀리를
심기 전 소똥 증폭제를 뿌린다.
역동화시킨 소똥 증폭제를
논을 갈기 전에 빗자루로
뿌리는 모습

소의 뿔에 받혀 유산을 한 적이 있다. 사육 관리하는 측면에서 보면 소뿔
은 그저 위험한 장식품에 지나지 않기 때문에 아예 제거해 버리는 것이 좋
다고 생각하기 쉽다. 그러나 그것은 사람의 입장이고 소의 입장에서 보면
뿔은 소의 건강한 생활을 위해서 꼭 필요한 기관이다.

　　뿔이 있는 젖소와 뿔이 없는 젖소의 우유 결정체는 다르다고 한다.[10]
그것을 보면 소뿔은 소의 소화를 돕는 소화 기관의 일부라고 할 수 있다.
신진대사 과정에서 생겨나는 에너지는 뿔과 발굽에 저장되었다가 신체를
구성할 때 다시 공급된다. 소화 기관에서 일어난 기운을 바깥으로 흘려보
내지 않을 수 있는 것은 뿔과 발굽의 단단한 재질과 닫혀 있는 모양 때문이
다. 소뿔을 잃으면 소의 몸 안에서 발생한 기운의 흐름이 바깥으로 흘러나
가게 된다. 소똥 증폭제를 만들 때 소똥을 소뿔 속에 넣어 땅속에 묻는 것
은 소뿔이 가진 기능, 즉 에너지를 모아서 가두는 역할을 이용하는 것이다.

　　땅 표면이 꽁꽁 얼어서 작은 생명의 기운도 찾아볼 수 없고 모든 생
명 활동이 정지되어 어느 것 하나 살 수 없는 한겨울. 그때 땅속에서는 물

과 흙의 에너지가 가장 활발하게 작용한다. 소뿔이 소에 붙어 있을 때 생명 기운과 별 기운을 가두었다가 다시 소 안으로 되돌려 주는 것처럼 가을부터 봄까지 땅속에서 그러한 기운들을 소뿔 안에 있는 소똥에 모을 수 있는 것이다.

동물의 배설물을 땅에 준다는 것은 단순히 거름 성분만을 땅에 주는 것이 아니다. 동물 배 속에 풍부하게 들어 있는 생명-별 기운을 땅에 주는 것이다. 소의 배 속에 들어 있는 수십억 마리의 미생물은 소가 먹은 먹이를 분해하여 소화를 돕는다. 그 후 바깥으로 내보내진 분뇨는 토양 미생물과 지렁이를 비롯한 작은 동물들이 분해하여 땅을 기름지게 한다. 이는 또한 토양 생태계를 풍부하게 만들어 주는 데 큰 역할을 한다. 풀을 베어 바로 퇴비로 만드는 것보다 소에게 먹이로 주어서 배출하게 한 소의 분뇨는 가장 좋은 퇴비일 뿐만 아니라 자연계의 순환을 풍부하게 만든다.

소는 4개의 커다란 위와 40m가 넘는 긴 창자를 가지고 있어서 거친 풀을 먹는데도 밀가루 반죽처럼 부드러운 소똥을 만들어 내놓는다. 소가 많은 양의 섬유질 사료를 먹고 그것을 소화시킬 수 있는 것은 위장에서 일어나는 연동 작용과 함께 위 속에 있는 미생물들의 활동과 되새김질 때문이다. 또한 먹이를 완전히 소화하는 과정에서 소 내부에서는 많은 에너지가 발생한다.

소똥 증폭제의 효과

슈타이너가 농사에 대한 조언을 구한 몇몇 사람에게 제일 먼저 소똥 중폭제를 만들게 한 것만 보아도 슈타이너는 땅을 활력 있고 기름지게 만드는 것을 가장 중요하게 생각하였다는 것을 알 수 있다. 땅은 광물 성분으로 구성되어 있지만 관점을 달리 하면 하나의 살아 있는 유기체라고 할 수 있

소의 배 속에서 갓 나온 똥. 소는 섬유질이 많은 거친 풀을 먹고 밀가루 반죽처럼 고운 것을 내어 준다.

다. 건강한 토양에서 자란 농작물은 영양이 풍부하고 맛있는 먹을거리가 되어 육체의 건강뿐 아니라 건강한 정신을 가진 완전한 인격체로서의 삶을 가능하게 한다.

우리 농장에서 모든 증폭제를 다 마련하지 못했던 초기에도 나는 소똥 증폭제는 꾸준히 사용했다. 눈에 띄게 무엇이 변하였다고 설명하기는 어렵지만 소똥 증폭제를 사용하면서 땅이 좋아지는 것을 느꼈다. 작물이 활기차게 자라는 것을 보고 그것을 알 수 있었다. 우리가 기른 농산물을 먹은 사람들이 아주 맛이 좋다고 할 때 '소똥 증폭제의 효과가 아닐까'라고 생각했다.

12별자리와 행성의 움직임이 농사와 깊은 관계가 있다는 것을 오랜 실험을 통해 밝혀내어 지금 우리가 쓰고 있는 파종 달력[11]을 만든 사람은 마리아 툰[12]이다. 그는 실험을 위하여 작물을 기를 때 다른 조건을 최대한 배제하기 위해 척박한 땅을 찾았고, 생육 일수가 짧은 적환무를 실험 작물로 선택하였다. 그 땅에 소똥 증폭제를 뿌렸는데 해를 거듭할수록 척박했던 땅이 점점 비옥해져 토양의 질에 따른 대비 실험의 효과를 제대로 볼 수가 없어서 다시 척박한 땅을 찾아서 옮겼다고 한다. 이것은 소똥 증폭제가 땅을 비옥하게 만든다는 것을 보여 주는 사례다.

스위스 바젤 근교에 있는 스위스 유기 농업 연구소[FiBL][13]에서는 30여 년 전부터 여러 농법으로 작물을 재배하여 각각의 토양 변화와 생산량을 비교하는 실험을 하고 있다. 관행 농법, 유기 농법, 생명역동농법 등을 비교 실험하였더니 생명역동농법을 실행하여 재배하는 토양에서 떼알 구조와 부식토의 증가라는 바람직한 토양 변화가 가장 활발하게 일어났고, 생산물의 양과 질이 향상되었다고 한다.

소똥 증폭제를 사용하면 토양의 물리적 성질이 개선되어 작물의 생육이 좋아지고 생산량도 늘어난다. 토양의 단립 구조가 떼알 구조로 변하여 투수성, 수분 보유력, 통기성이 좋아져 건조한 때에도 작물이 활발하게 자라도록 도움을 준다. 부식이 늘어나 부식토의 층도 두터워진다.

토양에 들어 있는 미생물의 종류와 양도 풍부해진다.[14] 유기물을 다량 투입하지 않았는데도 토지의 비옥도가 높아지는 것은 매우 특이하고도 유용한 점이다.

소똥 증폭제를 사용하면 작물의 뿌리가 활발하게 발달하는 점도 꼽을 수 있다. 작물을 심으려고 밭을 갈 때 보통 그 깊이는 20cm 전후이다. 쟁기의 구조상 더 이상 깊게 갈 수가 없다. 경반층이라 불리는 그 아래 땅은 단단하여 뿌리가 뻗어 내려가기 어렵다. 그러나 소똥 증폭제를 사용하면 뿌리가 그 아래 깊이 있는 광물층까지 내려가 그 광물을 녹여 식물이 흡수할 수 있게 한다. 소똥 증폭제를 콩과 식물에 사용하면 뿌리혹박테리아의 활동이 활성화되어 콩과 작물의 효과는 더 두드러진다.

암소 뿔과 암소 똥 준비하기

증폭제를 만드는 데 사용하는 소뿔은 새끼를 낳은 암소의 뿔이어야 한다. 수소의 뿔은 적합하지 않다. 출산을 경험한 암소가 갖고 있는 재생력과 나선형의 뿔 모양이 흙 속에 묻었을 때 겨울의 땅속에서 우주의 모든 힘을 강하게 흡수해 가두어 두기 때문이다. 암소는 송아지를 낳을 때마다 뿔에 각

룬이라고 불리는 줄이 하나씩 생긴다. 그래서 각륜을 보면 그 암소가 새끼를 몇 번 낳았는지 알 수 있다. 암소의 뿔은 수소와 달리 나선형으로 되어 있고 수소의 뿔보다 가늘고 작다. 수소의 뿔은 각륜이 없으며 얇고 원뿔형으로 뻗어 있다. 암소와 수소는 기르다 보면 성격도 차이가 있는 것을 알 수 있다. 암소는 성질이 온순한 데 비해 수소는 거칠고 공격적이다. 뿔을 사용하는 데 있어서 소의 품종은 아무 상관이 없다. 한 번 사용한 뿔은 다시 사용할 수 있으나 서너 번 정도 사용하면 뿔이 얇아져서 더 이상 증폭제를 만드는 데 쓸 수가 없다. 자기 농장에서 방목하여 기른 소의 뿔이 가장 좋기는 하나 그런 뿔을 구하기는 쉽지 않다. 우리나라에서 소를 방목하여 기르는 경우가 거의 없고, 있다고 해도 필요한 만큼의 뿔을 얻기가 어렵다.

뿔 안에 소똥을 채우기 위해서는 뿔 속에 든 뼈대를 꺼내야 한다. 나는 소똥 증폭제를 만들기 한 달 전에 소뿔을 필요한 만큼 구하여 퇴비 더미 속에 묻어 둔다. 보름에서 한 달 정도 지나서 꺼내 툭툭 치면 뿔 속의 뼈대가 손쉽게 빠진다. 그 뿔 안에 소똥을 채워 넣으면 된다.

소의 똥은 거친 섬유질 사료를 충분히 먹은 암소의 똥이 가장 좋다. 우리 농장에서는 평소에는 배합 사료도 조금씩 먹이는데 10월이 되어 소똥 증폭제를 만들 때가 가까워지면 배합 사료는 완전히 끊고 보름 정도 매일 농장에서 나는 풀만 베어다 먹인다. 이렇게 하여 나오는 소똥은 단단하고 모양이 잘 잡혀 있다. 증폭제에 사용할 소똥은 신선해야 한다. 나는 증폭제를 만들기 하루 전과 당일 아침 일찍 양동이를 들고 다니며 소똥을 모은다. 해가 떠서 소들이 움직이기 시작하면 똥을 다 밟아버리기 때문이다. 배합 사료를 많이 먹은 소가 배설한 똥은 질척하고 냄새가 심하며 모양이 잡히지 않아 증폭제 원료로 적합하지 않다. GMO 사료를 먹은 소의 똥도 쓰지 않는 것이 좋다.

◀◀ 암소의 뿔은 수소와 달리
나선형으로 되어 있고 수소의
뿔보다 가늘고 작다.

◀ 뿔 안에 소똥을 채우기
위해서는 뿔 속에 든 뼈대를
꺼내야 한다.

소똥 증폭제 만들기

암소 뿔에 암소 똥을 채운다. 소똥에 볏짚이나 다른 이물질이 섞여 있으면
골라내고 사용한다. 소똥을 소뿔에 채워 넣을 때는 빈틈이 없도록 꼭꼭 채
운다. 손가락으로 밀어 넣고, 뿔의 뾰족한 끝을 단단한 바닥에 대고 몇 번
탁탁 치면 소똥이 뿔의 뾰족한 부분까지 내려간다. 그러고 나서 빈 공간이
남지 않도록 소똥을 마저 채운다.

소뿔 안에 소똥을 채워 넣었으면 땅속에 묻을 준비를 한다. 경작할
때 방해를 받지 않는 곳인 농장 한편에 물 빠짐이 좋은 곳을 골라 어른의
무릎 높이인 50cm 정도 구덩이를 판다. 너무 습하지 않은 곳이 좋다. 그렇
다고 지나치게 건조하지도 않아야 한다. 척박한 땅이라면 파낸 구덩이에
완숙된 퇴비나 피트모스를 깔고 묻는 방법도 있다.

준비한 구덩이에 소뿔 입구가 아래를 향하도록 하여 가지런히 놓는
다. 빗물이 스며들지 않도록 하기 위해서다. 준비한 소뿔이 많은 경우 포
개어 놓으면 된다. 뿔을 나란히 놓는 작업이 끝나면 그 위에 흙을 덮고 이

듬해 봄에 캘 때를 대비해 묻어 둔 곳을 찾기 쉽도록 믹대기를 꽂아 표시를 해 둔다.

소똥을 채운 소뿔은 가을에 땅속에 묻어 봄에 캐낸다. 9월 말에서 10월 중순에 묻고 4월 하순에서 5월 초순 사이에 캐내는 것이 좋다. 대관령처럼 춥고 눈이 일찍 오는 곳이라면 좀 더 일찍 9월 초순에 묻어 좀 늦게 5월 초에 캐내는 것이 좋다. 제주도처럼 따뜻한 곳은 조금 늦게 10월 말에 묻어 4월 초순에 캐내면 될 것이다. 숙성되는 시간이 추운 곳은 길고 따뜻한 지역에서는 짧기 때문이다. 자기가 살고 있는 곳이 어디냐에 따라서 묻는 시기와 캐는 시기를 정하면 된다.

봄에 땅속에서 캐낸 소똥은 상태를 확인한다. 땅속에서 수분이 조금씩 감소한 소똥은 뿔에서 꺼낼 때 가볍게 톡 치기만 해도 쉽게 빠진다. 수분이 완전히 다 빠진 것이 아니라서 형태가 부서지지는 않는다. 증폭제가

겨울을 지낸 소똥 증폭제. 땅에 묻은 항아리에 잘 보관하였다가 사용하기 전에 꺼내어 쓴다.

잘 되었는지 안 되었는지는 냄새를 맡아 보면 안다. 잘 만들어진 증폭제는 소똥 냄새가 전혀 나지 않고 부엽토에서 나는 것 같은 은은한 냄새가 난다. 그리고 커피색 같은 갈색을 띤다. 소똥의 표면에 흰색 곰팡이가 생기기도 하지만 증폭제로 사용하는 데는 문제가 없다.

냄새가 심하거나 녹색으로 변한 것은 실패한 것이니 사용하면 안 된다. 그럴 때는 그 원인을 알아보아야 한다. 그래야 다음에 실패하지 않는다. 먼저 수소의 똥을 사용한 것이 아닌가 살펴보아야 한다. 또한 암소의 뿔이 아닌 수소의 뿔을 사용한 경우도 실패할 수 있다. 뿔을 땅속에 묻었을 때 뿔의 입구가 위를 향하도록 해서 빗물이 뿔 속으로 들어가도 실패할 수 있다.

소똥 증폭제 보관하기

완성된 소똥 증폭제는 살아 있는 것이므로 세심한 관리가 필요하다. 소똥 증폭제를 유리병 속에 넣은 다음에 피트모스로 내부를 둘러싼 나무 상자나 땅속에 묻은 항아리에 보관하면 된다. 뿔에서 꺼내지 않은 그대로 보관해도 된다. 구덩이에 그대로 묻어 두고 사용해도 되는지 묻는 경우도 있는데 땅속에 두면 지렁이가 먹어치울 수도 있기 때문에 캐서 보관하는 것이 좋다.

처음에는 나무 상자를 만들어 피트모스를 채워서 증폭제를 넣어 보관하였다. 몇 년 전부터는 서늘한 그늘 아래 커다란 토기 항아리를 묻고 항아리 안을 피트모스로 채운 후 유리병에 증폭제를 넣어 보관하고 있다. 장을 담그는 우리나라 항아리는 수분이 날라가지 않게 하므로 증폭제를 보관하기에 좋다. 소뿔은 다음해에 다시 쓰려고 바람이 잘 통하는 선선한 곳에 둔다.

보관해 둔 증폭제는 한 달에 한 번 정도 상태를 점검한다. 증폭제가 건조하면 보존 기간은 늘어날지 몰라도 기능이 떨어질 수 있으니 알맞은 수분을 유지해야 한다. 증폭제가 너무 말라 있으면 물을 뿌려 주고 지나치게 습한 상태라면 뚜껑을 열어 수분이 날아가게 해 준다.

소똥 증폭제 사용하기

뿔 한 개(약 150g)에 들어 있는 소똥 증폭제는 아이 손바닥 크기 정도 된다. 이 한 개로 약 3,300㎡의 밭에 사용할 수 있다. 그대로 사용하는 것이 아니라 50ℓ 물에 섞어서 녹이는 작업을 통해 극도로 응축된 우주의 기운을 물질이 아닌 생명 기운으로 만드는 과정을 거쳐야 한다. 증폭제를 물에 잘 녹이는 이 특별한 교반 작업을 역동화 Dynamization(66쪽 참고)라고 한다.

역동화가 끝난 증폭제 용액을 논과 밭에 골고루 뿌려 준다. 텃밭과 같이 작은 면적에는 손잡이가 달린 양동이와 작은 빗자루만 있으면 된다. 양동이에 증폭제 용액을 넣고 들고 다니며 빗자루에 묻혀서 뿌려 주면 된다. 배낭 분무기를 등에 짊어지고 다니면서 뿌려 주어도 된다. 넓은 밭이면 동력 분무기를 사용하는 것이 편하다. 큰 통에 증폭제 용액을 넣고 동력 분무기에 긴 호스를 연결하여 끌고 다니며 고루 뿌려 주면 된다.

역동화한 증폭제 용액은 3시간 이내에 사용하여야 한다. 만일 3시간이 지났으면 다시 역동화를 한 다음에 뿌려야 한다.

소똥 증폭제는 기본적으로 **토양에 살포하는 증폭제**로 봄과 가을에 각각 한 차례씩 파종과 정식 전에 뿌려 주면 충분하다. 생명역동농업을 시작한 지 얼마 되지 않은 농장은 소똥 증폭제를 자주 사용하는 것이 좋다. 봄에는 3월부터 5월에 걸쳐 땅속 온도가 서서히 상승하기 시작할 무렵에, 가을에는 땅속 온도가 내려가서 지표면이 얼기 직전에 사용하면 된다.

살포할 때는 작물에 따라 파종 달력을 보고 열매 식물은 '열매의 날'에, 뿌리 식물은 '뿌리의 날'에, 잎 식물은 '잎의 날'에, 꽃 식물은 '꽃의 날'에 뿌리는 것이 좋다.

잡곡류는 파종하려고 밭을 갈기 전에 먼저 소똥 증폭제를 밭에 뿌린다. 증폭제를 뿌린 후에 가능하면 그날 파종하는 것이 가장 좋다. 그러나 사정이 있어 그날 파종하지 못했다고 하더라도 문제는 없다. 증폭제의 효력은 지속되므로 그다음 적당한 날을 선택하여 씨를 뿌리면 된다.

채소류 중에 시금치나 상추, 배추 같은 엽채류는 파종하기 전에 한 번만 뿌려줘도 충분하다. 그러나 당근이나 우엉, 토마토 같이 생육 일수가 긴 작물은 파종이나 이식하기 전에 한 번 뿌리고 씨앗이 발아하여 어릴 때 다시 한 번 뿌려 주면 좋다. 소똥 증폭제는 기본적으로 토양에 살포하는 증폭제이기 때문에 어릴 때 살포를 마치는 게 좋다.

과수에는 이른 봄에 눈이 틀 무렵 토양에 한 차례 뿌리고 수확이 끝난 가을철에 다시 한 번 뿌려 주면 좋다.

화본과 식물 중 벼의 경우 봄에 논을 갈고 난 다음 물을 대기 전에 증폭제를 뿌려 준다. 그런 다음 로터리 작업(써레질)을 한다. 두 번째 살포는 벼 베기가 끝난 가을에 한다. 벼는 밭작물과는 달리 해마다 같은 곳에 심는 작물이기에 추수가 끝난 가을에도 토양에 살포하는 것이다. 보리나 밀은 파종을 하기 전에 한 번만 뿌리면 된다.

소똥 증폭제는 **땅의 호흡과 리듬에 맞추어 사용하면** 그 효과를 높일 수 있다. 오후 4시경부터 해가 지기 전까지가 증폭제를 뿌리기 좋은 시간이다. 해가 늦게 지는 여름에는 오후 8시까지도 괜찮다. 정오부터 오후 3시까지인 한낮에는 대지가 수분을 방출하는 시간이므로 대지가 증폭제를 흡수하는 힘이 약하여 효과가 줄어든다.

또한, 토양에 적당한 습기가 있을 때 살포하는 것이 좋다. 너무 마른 토양에 살포해도 효과가 줄어든다.

수정 증폭제 *501*

식물이 자라는 데 빛과 열 기운은 중요한 역할을 한다.
질 좋은 농산물을 얻기 위해서 빛이 통과하는 광물인
수정을 이용하여 여름 동안 증폭제를 만든다.

농사에 있어서 태양을 비롯한 행성들의 빛과 열 기운은 아주 중요한 우주적 요소이다. 태양이 빛과 온기를 지구에 직접 전달한다면, 태양으로부터 지구보다 먼 곳에 있는 화성, 목성과 토성 같은 외행성에서 오는 빛과 열 기운은 땅속에 있는 규산을 통해 땅 위로 되비쳐져서 식물의 성장에 도움을 준다. 수정이 유일하게 빛이 통과하는 광물인 것을 보면 태양과 관계가 깊은 암석이라는 것을 짐작할 수 있다.

수정(석영, SiO_2)은 산소와 규소로만 구성된 광물이다. 규소(Si)는 지각을 구성하는 원소 중에서 두 번째로 많은(27.7%) 물질로 공기 중에도 미세하게 퍼져 있을 정도다. 지구 전체로 보면 규소가 48% 정도를 차지하고 있다. 규소가 식물의 성장, 꽃과 과일의 발달에 도움을 준다는 사실은 익히 알려져 있다.

루돌프 슈타이너는 "만일 식물이 동물과 사람에게 좋은 양식이 되는 성분을 갖추었다면 여기에는 외행성인 화성과 목성 그리고 토성이 규소 성분을 통해 간접적으로 작용한 것입니다."라고 했다. 수정 증폭제는 먼 우주로부터 와서 땅에 작용하는 빛과 열 기운을 모으기 위해 소뿔에 수정 가루를 담아 땅속에 묻어 만든다.

증폭제를 만들 때 대부분은 겨울 동안 땅속에 묻는 데 비해 수정 증폭제는 여름 동안 땅에 묻는다. 여름 햇빛의 기운을 잘 받게 하기 위한 것이다. 이렇게 만든 수정 증폭제를 적절히 사용하면 소똥 증폭제의 작용을 옆에서 잘 도와준다는 것을 알게 될 것이다.

생명역동농업을 시작한 지 얼마 되지 않은 농장은 소똥 증폭제를 자주 사용하는 것이 좋고 수정 증폭제는 생명역동농업을 시작한 지 2년이 지난 때부터 사용하는 것이 좋다. 수정 증폭제는 소똥 증폭제의 작용을 도와주는 역할을 하므로 먼저 소똥 증폭제를 충분히 사용하여 땅의 기운을 북돋워 준 다음에 수정 증폭제를 사용하는 것이 좋다.

수정 증폭제의 효과

수정 증폭제는 토양이 아니라 작물에 직접 뿌려 준다. 빛과 온기가 부족하여 식물의 성장이 더딜 때 도움을 주는 것이 수정 증폭제다. 수정 증폭제를 뿌리면 식물의 표면이 단단해져 병해를 방지하고 식물 안에 있는 수액의 흐름을 좋게 하여 작물을 건강하게 한다. 맛과 향이 좋아지고 보존성도 높아진다. 특히 장마가 계속되거나 기상 변화가 심할 때는 활용 가치가 더욱 높아진다. 수정 증폭제를 사용하면 일조량 부족이나 저온 등으로 기후 조건이 좋지 않은 해에도 수확량이 줄어드는 것을 막아 준다. 미국에서 생명역동농법, 유기 농법, 관행 농법 이렇게 세 가지 농법으로 생산한 작물의 생산량과 품질을 비교하는 연구로 박사 학위를 받은 월터 골드스타인

(196쪽 '추천의 글' 참조)은 기상이 좋지 않을 때, 특히 햇빛이 충분하지 않을 때에 수정 증폭제를 사용하면 수확량이 별로 줄어들지 않아 풍년과 흉년의 격차가 줄어든다고 했다.

내가 증폭제를 처음 만들던 즈음에는 우리나라에서 수정 가루를 구하기가 쉽지 않아서 러시아 농부들이 만든 수정 가루 1kg을 독일을 통해 구입하였다. 오래전 일이라 가격은 기억이 나지 않는다.

그 후 당시 내가 살던 경기도 양주에 있는 한 초등학교 입구에서 누군가를 만나기 위해 기다리다가 우연히 규석을 발견하였다. 약속 시간보다 일찍 도착했기에 학교 운동장 쪽으로 들어갔다가 운동장 한편에 학생들 학습용으로 쓰려고 각종 돌을 모아 전시해 둔 것을 본 것이다. 우리나라에서 나오는 많은 종류의 돌이 있었는데 돌을 구한 지역과 이름 등이 쓰여 있었다. 둘러보다가 어떤 돌에 '규석'이라고 쓰여 있는 것을 보고 슈타이너의 농업 강좌에서 읽은 수정 증폭제 생각이 났다. 교무실로 가서 그 돌을 어디서 구했느냐고 물었더니 판매하는 업체를 알려 주었다. 바로 그 업체에 전화로 규석 6kg을 주문해 택배로 받았다. 그 돌덩어리를 밀가루 같이 고운 가루가 될 때까지 쇠절구에 곱게 빻은 다음 체로 쳐서 수정 증폭제를 만드는 데 사용하였다.

나는 차를 타고 다닐 때 습관처럼 간판을 유심히 보곤 하는데 가끔 그 덕을 보기도 한다. 어느 날 지금 농장이 있는 포천 옆에 있는 연천을 지나가다가 한적한 길 옆에 〈규암 광산〉이라고 쓴 허름한 간판을 보게 되었다. 초등학교에서 발견한 규석과 광산에서 말하는 규암은 같은 성질의 돌이다. 석영이나 장석도 같은 성질의 암석이다. 길을 따라 한참을 올라갔더니 산 중턱에 규암 광산 사무실이 있었다. 규암을 좀 구하고 싶다고 했더니 바깥에 쌓여 있는 돌덩이 중에서 아무거나 하나를 그냥 가져가라고 했다. 내가 들 수 있는 크기의 규암 하나를 가지고 왔는데 그것을 빻아 지금

토마토같이 수확 기간이 긴 열매 채소에는 수정 증폭제를 총 3~5회 '열매의 날'에 살포한다.

껏 해마다 여름이면 수정 증폭제를 만들고 있다.

양주에서 논농사를 지을 때다. 논의 동쪽은 숲에 연이어 있어서 아침에는 그늘이 졌다. 햇빛이 부족하여 그곳에서 자라는 벼는 잘 여물지 못하였다. 수정 증폭제를 몇 차례 뿌려 주었더니 벼가 곧잘 영글었다. 양지바른 쪽의 수확량에는 미치지 못했지만 그전보다 쭉정이가 적고 수량이 늘어났다.

농장을 양주에서 포천으로 옮기고 얼마 되지 않았을 때 양수리에서 딸기 농사를 하는 친구가 찾아왔다. 그 친구는 겨울에 비닐하우스에서 딸기를 기르고 있는데 그렇다보니 일조량이 부족하여 걱정을 하고 있었다. 그 친구에게 수정 증폭제를 써 보라고 했는데 그 다음 해에 생명역동농업 연구회 봄 모임에 와서 수정 증폭제를 썼더니 딸기 잎과 열매에 뚜렷한 효과가 있었다고 말했다. 자기는 딸기를 늘 관찰하고 관리하기 때문에 미세한 차이를 알아볼 수 있었다고 했다. 잎이 두터워지고 딸기가 더 달고 보존성도 좋아졌다는 것이다. 수정 증폭제 자랑이 이만저만이 아니었다. 나는 겨울 재배를 하지 않아서 실험해 볼 수가 없었는데 그 친구의 이야기로 태양빛이 부족할 때의 수정 증폭제 효과를 확인한 셈이다. 그 친구가 지금은 세상에 없어 안타까운 마음이 든다.

서양에서는 요즘 들어 수정 증폭제를 활용하는 사례가 많아진다는 이야기를 들었다. 한 예로 프랑스에서는 와인의 품질을 높이기 위해서 다른 증폭제도 사용하지만 수정 증폭제를 사용하는 포도 농가가 늘고 있다고 한다. 일반 사람들은 잘 느끼지 못하지만 와인의 품질을 평가하는 소믈리에는 수정 증폭제를 사용한 와인과 그렇지 않은 와인의 미세한 맛의 차이를 알아낸다고 한다. 수정 증폭제를 살포하여 기른 포도로 만든 와인은 향과 맛이 뛰어나다는 것이다. 높은 등급을 받는 와인을 만들기 위해서 수정 증폭제를 사용하는 것이 필수 요건이 되고 있다는 말이다.

수정 가루와 암소 뿔 준비하기

수정 증폭제는 수정 가루를 물에 개어서 소뿔 속에 넣어 4월에서 10월까지 땅에 묻어 둔다. 땅속에 묻은 소뿔은 여름 동안 강한 빛과 열을 받아들여 수정 가루 속에 저장한다.

먼저 수정 또는 규석을 커다란 조각으로 부순다. 그런 다음에 쇠 절구에 수정 조각을 넣고 쇠 절굿공이로 빻아 가루로 만든다. 나는 산소통을 반으로 잘라 절구로 만들어 사용하고 있다. 절구에 빻은 수정 가루는 체로 거른다. 체 위에 남아 있는 조각들은 다시 절구에 넣어 빻는다. 마지막으로 제분기를 이용해 밀가루처럼 곱게 간다. 소뿔 하나에 들어가는 수정 가루는 50~80g 정도다.

소뿔은 소똥 증폭제를 만들 때 준비하는 것과 같은 방법으로 소뿔에서 뼈대를 제거해 놓는다. 새끼를 한 번 이상 낳은 암소의 뿔이 좋다. 너무 늙은 소의 뿔이나 수컷의 뿔은 좋지 않다. 농장에서 직접 키우는 소가 적당하나 그렇지 못할 경우에는 농장에서 가까운 지역에서 살던 소의 뿔도 괜찮다.

수정 증폭제 만들기

곱게 간 수정 가루와 물을 그릇에 넣고 주르르 흘러내릴 정도로 반죽을 한다. 물은 빗물이나 지하수를 사용한다. 물이 너무 많으면 나중에 뿔에 넣어 수분을 증발시키는 데 시간이 오래 걸리기 때문에 알맞게 부어야 한다. 소뿔에 수정 가루 반죽을 넣을 때 뿔을 흙이나 모래 속에 세워 두고 하면 뿔 가장자리까지 완전히 채울 수 있다. 속을 채운 뒤 하루가 지나면 수정 가루는 가라앉고 윗부분에 물이 약간 고인다. 그러면 이 물을 따라 내고 수정 가루 반죽을 다시 가득 채운다. 며칠 지나 거꾸로 들어도 반죽이 떨어지지 않을 정도로 말라서 단단해지면 뿔의 입구를 젖은 진흙으로 발라서 메운다.

소똥 증폭제와 같은 방법으로 물 빠짐이 좋은 땅에 40~50cm 깊이로 구덩이를 파서 수정 가루를 넣은 소뿔에 빗물이 들어가지 않도록 뿔 입구를 아래로 하여 묻는다. 물이 스며들면 질 좋은 수정 증폭제를 얻을 수 없다.

땅에 묻는 시기는 지역마다 기온 차에 따라 조금씩 다를 수 있다. 우리 농장이 있는 포천 지역은 4월 중순이나 하순이 좋다. 한 여름 동안 땅속에 묻어서 강렬한 태양의 열과 빛 그리고 외행성의 기운을 수정 가루 속에 응축시키는 것이다.

9월 말에서 10월 초에 수정 가루를 넣은 소뿔을 땅에서 꺼낸다. 소뿔의 표면에 달라붙어 있는 흙은 되도록이면 깨끗이 제거한다. 수정 가루를 넣었던 소뿔은 소똥 증폭제를 만들 때와는 달리 한 번만 사용할 수 있다.

수정 가루를 넣은 소뿔은 겨울 동안 땅속에 묻는 다른 증폭제들과 달리 여름 동안 땅속에 묻어 두었다가 늦가을에 꺼낸다.

수정 증폭제 보관하기

소뿔에서 수정 증폭제를 빼낸다. 툭툭 쳐서 빼내면 되는데 잘 빠지지 않을 때는 철사로 끄집어내면 된다. 이렇게 빼낸 수정 증폭제는 투명한 유리병에 넣어 뚜껑을 살짝 얹어놓는 정도로 닫는다. 햇빛이 드는 창가, 전자기파의 영향이 미치지 않는 곳에 보관한다. 수정 증폭제는 2년간 보관하여 사용할 수 있다.

수정 증폭제 사용하기

수정 증폭제는 작물에 뿌리기 전에 물에 녹여서 1시간 동안 역동화하여 사용한다. 소똥 증폭제보다 훨씬 적은 양을 넣는다. 물 50ℓ에 완두콩 또는 시침핀 머리만큼만 넣으면 된다. (토지 3,300㎡에 사용 가능) 역동화 시킨 수정 증폭제는 소똥 증폭제 용액을 사용할 때와 달리 작물이 흠뻑 젖도록 뿌려 준다.

수정 증폭제는 모든 작물의 품질을 좋게 하는 데 도움을 준다. 넓은

딩켈 밀. 파종하려고 밭을 갈기 전에 소똥 증폭제를 뿌린다. 작물이 자라는 동안에는 양분을 잘 축적하도록 수정 증폭제를 뿌려 준다.

밭이 아니더라도 텃밭이나 화분, 조그만 정원에 사용할 수 있다. 특히 장마철에 한나절 정도 비가 그쳤을 때 수정 증폭제를 뿌려 주면 작물이 적은 양의 빛과 열을 잘 활용할 수 있게 된다. 과수의 경우는 오이나 토마토 같은 과채 작물과는 달라서 꽃이 봄에 한 번만 피는데, 그때 수정 증폭제를 뿌리면 수정이 잘 되지 않는다고 한다. 과수는 꽃이 지고 잎이 나온 후에 뿌리는 게 좋다.

파종 달력을 보고 열매 식물은 '열매의 날'에, 뿌리 식물은 '뿌리의 날'에, 잎 식물은 '잎의 날'에, 꽃 식물은 '꽃의 날'에 뿌리는 것이 좋다. 작물별 살포 시기와 방법은 다음과 같다.

벼, 보리, 밀, 옥수수 등은 초기에 잎이 서너 장 나왔을 때, '열매의 날'에 1차 살포를 하고 그 후 이삭이 나오고 꽃이 필 때 2차 살포를 한다. 3차 살포는 작물이 성숙기에 들어서서 색깔이 조금씩 누런색으로 변하기 시작할 때 하는 게 좋다. 수확할 무렵에 하는 마지막 3차 살포는 아침 시간보다 오후에 해가 넘어가기 직전에 하는 것이 좋다.

식물은 오전에는 태양 빛을 받아 광합성을 하여 양분을 만들고 오후에는 만들어진 양분을 뿌리나 열매에 저장한다. 1, 2차 때는 양분 축적을 돕기 위하여 수정 증폭제를 오전에 뿌리고 수확 무렵인 3차 살포 때는 양분을 열매나 뿌리에 저장하는 것을 돕기 위하여 저녁에 뿌리는 것이 좋다.

콩과 작물은 열과 빛에 민감하게 반응하기 때문에 아침 일찍 살포하는 것이 좋다. 해가 뜬 후에 살포를 하면 작물이 화상을 입을 우려가 있다. 1차 살포는 꽃이 피기 시작할 때 '열매의 날'을 택하는 것이 좋고, 2차는 콩 꼬투리가 커질 무렵, 콩 꼬투리 속에서 콩알 형성이 시작될 무렵에 살포하는 것이 좋다. 마지막 3차 살포는 콩 껍질이 누렇게 될 때 곡류 때와 마찬가지로 '열매의 날' 저녁에 한다.

잎채소는 여러 가지 종류가 있다. 양배추나 배추처럼 결구結構하는 채소가 있는가 하면 시금치나 상추, 쑥갓처럼 결구하지 않는 채소도 있다.

양배추나 배추처럼 결구하는 채소는 속이 500원짜리 동전 크기로 결구가 시작되는 무렵에 첫 번째 살포를 하는 것이 좋고, 두 번째는 결구가 종료되기 전, 곧 수확하기 일주일 정도 전 '잎의 날' 이른 아침에 뿌리는 것이 좋다.

시금치나 쑥갓처럼 결구하지 않는 채소는 파종 후 10cm 정도 자랐을 무렵 '잎의 날'에 살포하는 것이 좋고, 2차 살포 역시 수확 일주일 전 '꽃의 날'에 하는 것이 좋다. 그 외에 브로콜리 같은 종류는 중심에 꽃봉오리가 보이기 시작할 때 '잎의 날'에 첫 번째 살포를 하는 것이 좋고 두 번째는 수확하기 일주일 전, '꽃의 날'에 하는 것이 좋다. 배추나 양배추 같은 채소는 결구가 생기기 바로 전에 뿌리면 꽃대가 빨리 생겨 좋지 않으니 그때는 뿌리지 않는 것이 좋다.

토마토나 오이 같은 과채류는
생식 생장이 본격화되는 때인
꽃이 필 무렵에 수정 증폭제를
살포한다.

열매채소인 토마토나 오이처럼 수확 시기가 긴 작물의 살포는 첫 번째 핀 꽃이 지고, 열매가 손가락 한 마디 정도로 커지기 시작할 무렵 '열매의 날'에 뿌린다. 그 다음은 열흘 간격으로 '열매의 날'에 총 3~5회 살포한다. 수박이나 참외도 토마토나 오이와 마찬가지 방법으로 뿌리면 된다.

대부분의 **뿌리 식물**은 처음에는 실뿌리처럼 길게 내려가다가 비대해지기 시작한다. 뿌리의 굵기가 새끼손가락 정도 될 때가 뿌리 발달이 본격적으로 시작되는 때이다. 이때 '뿌리의 날'에 첫 번째 살포를 하면 좋다. 두 번째는 한 달 후에 역시 '뿌리의 날'에 살포한다. 세 번째는 수확하기 일주일 정도 전에 '뿌리의 날'에 살포하면 좋다.

감자, 고구마, 토란 등은 각각의 특성이 있어서 일괄적으로 말할 수는 없으나 대체로 모든 식물이 그렇듯이 영양 생장에서 생식 생장으로 넘어가는 시기에 첫 번째 살포를 하는 것이 좋다.

무나 당근의 경우는 실뿌리가 새끼손가락 정도의 굵기가 될 때가 생식 생장이 시작되는 때이며 토란의 경우는 뿌리 옆에서 새로운 싹이 나올 때가, 고구마는 뿌리줄기가 손가락 굵기로 비대해지기 시작할 무렵이 생식 생장이 시작되는 때이다. 이때 첫 번째 살포를 한다.

고구마처럼 생육 기간이 긴 것은 첫 번째 살포 후 한 달에 한 번씩 역시 '뿌리의 날'을 택해서 살포하면 된다.

감자는 좀 특별한 채소이다. 땅속에서 생육이 되고 있어서 뿌리채소에 준하지만 실제로는 줄기가 변해서 된 식물이다. 그렇기 때문에 첫 번째 살포는 '뿌리의 날'이 아니라 '잎의 날'에 하는 것이 좋다. 두 번째는 생식 생장이 본격적으로 시작되는 꽃이 필 무렵 '뿌리의 날'에 살포하고, 세 번째는 꽃이 질 무렵에 역시 '뿌리의 날'을 택해서 뿌리면 된다.

소똥 증폭제는 토양에 살포한다면 수정 증폭제는 **식물에 직접 살포**한다. 이른 아침에 살포하는 것이 좋다. 태양이 올라오기 30분 정도 전에 교반을 시작하여 해가 뜬 후 바로 살포한다. 살포하기 가장 좋은 시간대는 일출 시각부터 약 1시간 이내이다. 아침에 해가 뜨면 빛과 열이 식물과 토양에 흡수되기 시작한다. 이때 수정 증폭제를 살포하면 그 힘이 활성화되므로 효과가 크다. 살포하는 시간대가 늦어져 한낮(11시~2시)이 되면 빛과 열의 모든 힘을 식물이 너무 강하게 흡수하여 작물이 피해를 볼 수 있으므로 주의해야 한다. 또 맑은 날이나 고온이 지속되는 때는 살포 횟수를 줄이는 것이 좋다.

쥐오줌풀 증폭제 507

쥐오줌풀 꽃에 있는 살아 있는 '인' 성분은
식물이 성장하기에 나쁜 조건에서도
빛과 열 기운을 잘 받도록 해 준다.

아름다운 꽃이 피는 이 식물이 왜 쥐오줌풀이라는 이름을 갖게 되었을까?
뿌리에서 나는 독특한 냄새 때문이다. 쥐오줌 냄새라고 하면 고약한 냄새
가 날 것이라고 짐작하지만 실제로는 고급 궐련에도 들어가는 특이한 향
을 발산한다. 우리가 흔히 집 근처에서 볼 수 있는 시궁쥐의 오줌 냄새는
고약하다. 그러나 자그마한 들쥐의 오줌 냄새는 사람에 따라 호불호가 갈
리기는 해도 꼭 나쁜 냄새라고 할 수는 없다. 식물의 뿌리에서 나는 냄새
가 바로 그 들쥐 오줌 냄새와 같다고 해서 붙여진 이름이 쥐오줌풀이다.
이른 봄에 연분홍이나 하얀색 꽃이 핀다. 쥐오줌풀의 뿌리는 약이나 향료
의 원료로 쓰인다. 유럽에서는 히포크라테스Hippocrates 이래로 쥐오줌풀
이 만병통치약으로 불릴 만큼 널리 활용된 적도 있었다고 한다. 오래전에
캡슐형 제품으로 나와서 호평을 받고 팔리고 있다고도 들었다. 쥐오줌풀
은 진정, 진경 작용이 있어서 신경을 안정시키고 불면증에 탁월한 효과가

쥐오줌풀은 반쯤 그늘지고
축축한 땅을 좋아한다.
마주 달리는 잎사귀에서
속이 빈 줄기가 뻗어 올라온다.
5월 중하순경 꽃이 활짝
피기 전에 꽃봉오리를 딴다.

있는 것으로 알려져 있다. 또한 불안과 스트레스 완화, 과잉 행동 완화, 갱
년기 증상을 완화하는 데도 도움이 된다고 한다. 쥐오줌풀 화분을 침실 가
까이에 두어 그 냄새만 맡아도 잠을 잘 잘 수 있다는 말이 있을 정도이니
깊은 잠을 자지 못하는 사람들은 한번쯤 시도해 볼 만하다.

내가 쥐오줌풀에 애착을 가지고 있는 것은 쥐오줌풀의 효능 때문만은
아니다. 생명역동농업을 시작하면서 증폭제 식물 중 마지막까지 구하지 못
한 것이 쥐오줌풀이었다. 톱풀, 캐모마일, 쐐기풀, 이렇게 세 종류는 독일에
서 구해 와서 3년 동안 번식에 공을 들인 끝에 충분한 양을 확보하였다. 민
들레, 참나무껍질, 쇠뜨기 등은 농장 주변에서 쉽게 구할 수 있었다. 민들레
중에서도 약효가 뛰어나다는 하얀 민들레도 많이 번식시켜 놓았다. 그런데
한 가지 구하지 못한 것이 쥐오줌풀이었다. 쥐오줌풀만 구하면 9가지 증폭
제가 완성되겠기에 그것을 구하는 것이 그해 나의 목표가 되었다.

벌써 15년도 더 지난 때 이야기다. 그전까지 나는 쥐오줌풀이라는 식물을 한 번도 본 적이 없다. 아니 생명역동농업에 필요하다는 증폭제를 만들 생각을 하기 전에는 이름조차 들어 본 일이 없는 생소한 식물이었다. 그런데 증폭제를 만들게 되면서 산이나 들을 지나다 처음 보는 낯선 식물을 보면 혹시 쥐오줌풀이 아닐까 하고 자세히 살펴보곤 하였다. 어떤 친구가 울릉도에 가면 쥐오줌풀을 구할 수 있다고 알려 주었다. 울릉도의 야산에서 봄에 흔히 볼 수 있는 것이 쥐오줌풀 꽃이라고 하였다. 어떻게든지 시간을 내어 울릉도에 가서 구해야겠다고 생각했다. 그러던 어느 날 농장 뒷산에 올라갈 일이 있었는데 골짜기에서 연분홍색 꽃이 피어 있는 작은 식물을 발견했다. 순간 이게 쥐오줌풀이 아닐까 하는 생각이 들어 손으로 캐어 뿌리의 냄새를 맡아 보았더니 뭔가 특이한 냄새가 났다. 집으로 가지고 내려와 독일에서 나온 『생명역동농법 증폭제 입문서』[15]를 펴고 그림과 설명을 대조해 보았다. 그 책에는 쥐오줌풀에 대해서 다음과 같이 설명하고 있었다. "키는 30cm에서 최대 1m까지 자라며 잎은 마주 달리고 뿌리를 보면 줄기 쪽은 굵게 시작되다가 끝으로 갈수록 가늘어지고 들쥐의 오줌 냄새가 난다." 내가 산에서 캐 온 식물을 다시 자세히 보았더니 그 책에 나온 쥐오줌풀의 설명과 같았다. 지금 생각해도 설명할 수가 없는 뭔가 '신의 계시'와 같은 느낌이 드는 사건이었다. 나는 다시 산으로 올라가 그 주변에 있는 쥐오줌풀을 많이 캐어 가지고 내려왔다. 많다고 해보았자 20포기 정도였다. 쥐오줌풀은 습기 있고 그늘진 곳을 좋아하여 산골짜기 같은 곳에서 군락을 이루고 있다. 산에서 캐 온 쥐오줌풀을 밭 한편에 심어 늘렸더니 3년 후에는 쥐오줌풀 증폭제를 만들 만큼의 충분한 양이 되었다. 지금은 봄이면 모종을 만들어 〈생명역동농업실천연구회〉 정기 모임 때 회원들에게도 나눠 주고 있다.

이상하게도 한 번 발견하고 나니 쥐오줌풀은 자주 눈에 띄었다. 어느 날 차를 몰고 대관령을 지나갈 때 큰 군락을 이루고 있는 것을 보기도 했다. 지금은 우리 밭에 가면 언제나 볼 수 있는데도 쥐오줌풀을 산이나 들에서 발견하면 반가워서 그곳에 머물러 서서 한참을 쳐다보곤 한다. 뒷산에서 쥐오줌풀을 처음 발견했을 때의 흥분과 기쁨은 지금도 잊을 수가 없다. 요즘도 쥐오줌풀을 볼 때면 그때의 느낌이 되살아난다.

쥐오줌풀 증폭제의 효과

루돌프 슈타이너는 톱풀, 캐모마일, 쐐기풀, 참나무껍질, 민들레 등 다른 증폭제에 대해서는 자세하게 말하였지만 쥐오줌풀 증폭제에 대한 설명은 간단했다. 다른 증폭제들에 비해서 만드는 것이 간단해서 그런 것이 아닌가 싶다. 그렇다고 그 효과마저 단순한 것은 아니다. 쥐오줌풀 증폭제는 작물을 그 작물답게 해 주는 특성이 있는 증폭제다. 말하자면 토마토는 토마토답게, 마늘은 마늘답게, 그 작물만이 갖고 있는 특성을 강화시켜 주는 것이 쥐오줌풀 증폭제의 역할이다. 모든 작물에 직접 살포하여 사용할 수 있다. 특히 보리, 밀, 마늘, 시금치 등 월동 작물에 뿌리면 작물이 겨울 추위를 잘 견뎌 낸다. 작물의 내한성을 강화시키는 역할을 한다는 이야기다.

쥐오줌풀의 작은 꽃에는 인(P) 성분이 많이 있다. 쥐오줌풀 꽃의 인은 작물이 빛과 열을 잘 받도록 도와주며, 추운 날씨에 마치 이불을 덮은 것 같이 서리 피해를 막아 준다. 이때 서리는 본격적인 추위가 오기 전에 내리는 무서리를 말한다. 날이 많이 추울 때 내리는 된서리까지 막아 줄수는 없다. 그러나 된서리의 피해를 경감시키는 효과는 있다.

20년쯤 전, 내가 포천으로 농사 터전을 옮기기 전에 앞서 소개한 미국 〈생명역동농업 연구소〉의 상임 연구원인 월터 골드스타인 박사가 우리 농장에서 일주일 정도 함께 지낸 적이 있다. 그의 부인은 발도르프학교의 오이리트미 교사로 남편과 함께 우리나라를 방문한 적이 있다. 그가 우리 집에 머무는 동안 증폭제에 대해 많은 이야기를 해 주고 궁금한 점을 질문하면 답도 납득이 가도록 자세히 말해 주어서 증폭제에 대해 많이 배울 수 있었다. 그때 미국의 오리건주에서 마늘 농사를 많이 한다는 그의 친구 이야기도 들려주었다. 어느 해 겨울이 유난히 추워서 그 친구가 마늘밭에 쥐오줌풀 증폭제를 세 차례 뿌려 주었다고 한다. 마늘을 수확할 때가 되어 캐서 맛을 보았더니 마치 혀에 불이 붙는 것과 같이 매운 느낌을 받았다고 했다. 마늘의 매운맛이 극대화된 것이다. 각각의 작물이 갖고 있는 특성을 강화시켜 주는 쥐오줌풀 증폭제의 역할이 실감나는 일화였다.

쥐오줌풀 증폭제 만들기

증폭제를 만드는 방법은 아주 간단하다. 사용법도 간단해서 작은 정원이나 도시 농업형 텃밭, 또는 아파트 베란다 화분에 심어 놓은 식물에도 쉽게 사용할 수 있다. 5월 중하순께 꽃대가 올라오고 나서 꽃이 활짝 피기 전에 꽃봉오리를 따서 즙을 낸다. '꽃의 날'을 골라 오전에 딴다. 모든 증폭제용 꽃은 햇살이 완전히 퍼진 오전에 따는 것이 좋다. 꽃은 바로 즙을 내서 색깔 있는 유리병에 담아 서늘하고 어두운 곳에서 발효시킨다. 2개월이 지나 발효가 끝나면 처음의 푸른색이었던 즙액은 갈색으로 변한다. 그때 병에 뜬 부유물을 걸러 내고 즙액을 병에 다시 담아 보관한다. 발효가 잘 된 깃은 향긋한 사과 향이 난다. 잘 안 된 것은 시린내가 소금 나는데 그래도 증폭제로 사용할 수는 있다.

　꽃을 건조한 후 땅에 묻어서 만드는 방법도 있다. 그러나 나는 그렇게 만들어 사용한 적이 없어서 여기서는 설명을 생략한다.

쥐오줌풀 증폭제 사용하기

발효시킨 증폭제는 미지근한 물 10ℓ에 2㎖를 떨어뜨려 20분간 역동화시켜서 사용하면 된다. 2㎖라면 두세 방울 정도이다. 쥐오줌풀 증폭제는 이렇게 적은 양만 넣어도 충분하다. 식물의 잎과 줄기에 직접 살포한다.

수정 증폭제와 함께 사용할 경우 수정 증폭제는 1시간 동안 역동화시켜야 하지만 쥐오줌풀 증폭제는 20분만 저으면 되므로 수정 증폭제의 교반이 끝나기 20분쯤 전에 쥐오줌풀 증폭제를 넣으면 된다. 2~3 티스푼이면 충분하다.

퇴비용 증폭제로 퇴비를 만들 때 맨 마지막에 쥐오줌풀 증폭제를 물에 5분간 희석하여 퇴비 위에 고루 뿌려 준다. 종합 증폭제를 만들 때도 같은 방법으로 사용한다.

▼ 수정 증폭제와 함께 사용할 때는 역동화할 때 같이 섞어 준다.

◀ 퇴비 더미에 쥐오줌풀 증폭제를 골고루 뿌리고 있다.

쇠뜨기 증폭제 508

주변에서 흔하게 볼 수 있는 쇠뜨기는
70%가 규소 성분으로 이루어져 있다.
식물이 자랄 때 병이 생기지 않도록 해 준다.

쇠뜨기를 한마디로 말하면 살아 있는 석영이라고나 할까. 석영이 식물의
형태를 띠고 나타났다고 하면 쇠뜨기를 이해하는 데 도움이 될는지 모르
겠다. 쇠뜨기는 번식력과 생존력이 아주 강해서 일반적으로 농부들에게
는 골치 아픈 잡초로 통한다. 쇠뜨기의 뿌리는 땅속 깊이까지 뻗는다. 쇠
뜨기의 뿌리를 완전히 제거하려면 지구의 반대편을 파는 게 빠를 것이라
는 농담이 있을 정도이다.

쇠뜨기는 우리나라 어느 곳에서든 볼 수 있는데 해가 잘 들면서도
다소 습한 땅에서 잘 자란다. 이 말은 쇠뜨기가 물을 좋아해 잘 흡수한다
는 말이다.

태양과 함께 농사에 중요한 역할을 하는 것이 달이다. 달은 물과 깊
은 관련이 있다. 달의 인력이 작용하여 식물은 장마철에 수분을 과다하게
흡수한다. 수분을 많이 흡수하면 식물이 약해져서 균사류와 곰팡이에 의

한 질병이 발생하기 쉽다. 쇠뜨기 증폭제는 습해진 낭에 달 기운이 지나치게 강하게 작용하여 작물이 과습으로 인해 질병이 발생할 때 이를 막아 주는 역할을 한다. 장마철에 발생하기 쉬운 곰팡이와 균사류의 기생을 억제하는 효과가 있다.

쇠뜨기는 이른 봄에 황토색에 가까운 생식 줄기가 먼저 나오고 뒤늦게 초록색의 영양 줄기가 나온다. 영양 줄기의 약 90%가 규소로 되어 있다. 이 영양 줄기를 잘 말려서 증폭제로 만든다.

이런 의문이 생길 수 있다. 이미 지구상에는 규소 성분이 많이 있는데 쇠뜨기에 들어 있는 아주 적은 양이 식물의 성장에 어떤 도움을 주는지 말이다. 수정 증폭제와 쇠뜨기 증폭제는 모두 작물에 규소 성분을 추가하여 표피를 강하게 하고 건강하게 만들어 준다. 수정 증폭제가 작물에 빛과 온기가 부족할 때 도움을 준다면 쇠뜨기 증폭제는 과습을 막아 주어 작물에

쇠뜨기는 이른 봄에 황토색에 가까운 생식 줄기가 먼저 나오고 뒤늦게 초록색의 영양 줄기가 나온다.

질병이 생기지 않도록 한다. 토양에 있는 규소 성분은 치료제로 쓰기 어렵지만 쇠뜨기에 들어 있는 규소는 이와 같이 치료 효과를 낼 수 있다.

쇠뜨기 증폭제의 효과

일본 히로시마에 핵폭탄이 떨어졌을 때 그곳에 있던 건물과 사람, 동물, 식물 모든 것이 사라지고 그야말로 히로시마는 폐허가 되었다. 사람들은 이곳에 다시 생명이 살아나려면 50년쯤 뒤에나 가능할 것이라고 하였다. 그런데 놀랍게도 이듬해 봄에 그 죽음의 땅을 뚫고 가장 먼저 올라온 것이 쇠뜨기였다. 사람들은 죽음의 땅에서 생명의 기운을 느끼고 희망을 가지게 되었다고 한다. 그만큼 쇠뜨기는 땅속 깊이 뿌리를 내리고 있어서 표면은 다 죽은 것처럼 보이지만 깊은 곳에 있는 땅속 뿌리는 죽지 않고 살아 있었던 것이다. 쇠뜨기에 대해서 이런 기록도 있다. 얼른 믿어지지 않고 상상하기도 어렵지만 지구의 생성 초기에 쇠뜨기는 거대한 나무였다는 것이다. 10년쯤 전에 이탈리아의 모데나에서 '세계 유기농 대회'[16]가 열렸을 때 참가하여 일주일 머문 적이 있다. 그때 단체 견학으로 어떤 농장을 방문하였는데 그 농장에서 키가 2m 정도 되는 쇠뜨기를 발견하였다. 다른 사람들은 주의를 기울이지 않아 알아보지 못하는 것 같았지만 쇠뜨기에 관심이 있던 내 눈에는 금방 보였다. 우리나라에 있는 쇠뜨기는 크다고 해야 기껏 30cm 정도인데 이탈리아에서 본 쇠뜨기는 사람 키를 훌쩍 넘는 것이었다. 그때 정말 옛날에는 나무가 아니었을까 하는 생각을 해 보았다.

　쇠뜨기 증폭제는 만드는 방법과 사용이 쉽고 간단하다. 다른 증폭제들을 만들려면 식물과 함께 동물성 재료가 있어야 하지만 쇠뜨기와 쥐오줌풀은 자체만으로 증폭제를 만든다. 언덕이나 주변 풀밭에서 얼마든지 구할 수 있으니 제때 베어 선조시켜 두었다가 필요할 때 사용하면 된다. 그렇다보니 이게 정말 증폭제가 맞나 의문이 생기기도 한다. 다른 증폭제들처럼 효과를 낼 수 있을까 하는 의심도 일어난다. 흔하고 재료 확보가 쉬운 데서 오는 의심인 것이다. 흔하다고 무시할 것은 아니다. 우리 주변에서 쉽게 구할 수 있으니 오히려 고마운 일이다. 루돌프 슈타이너는 농업 강좌에서, 현대 의학에서는 수정이나 쇠뜨기에 들어 있는 규소의 약용 가치를 과소평가하고 있지만, 그 규소의 약용 가치는 실로 크다고 말하고 있다.

쇠뜨기 증폭제는 생명역동농업을 하지 않는 농부라도 모든 작물에 폭넓게 사용할 수 있다. 특히 작은 텃밭이나 도시 농업을 하는 사람들이 활용하기에 좋은 증폭제이다.

배추 밭에 쇠뜨기 증폭제를
뿌리는 모습

쇠뜨기 증폭제 만들기

쇠뜨기 증폭제를 만들기 위해서는 쇠뜨기가 규소를 제일 많이 품고 있는 시기에 수확한다. 쇠뜨기의 잎이 선명한 녹색을 띠고 있을 때보다 끝부분이 황색에 가까워질 때 규소 성분이 가장 많다고 하는데 우리 지역에서는 6월 하순이 그러한 때다. 그때 베어서 잘 건조시켜 바람이 잘 통하는 응달에 보관하면 좋다.

마른 쇠뜨기 100~120g을 찬물 5ℓ에 넣어 끓인다. 끓기 시작하면 불을 줄여 40분간 80℃에서 90℃ 사이를 유지하며 약한 불에 달인다. 필요할 때마다 이와 같이 만들어 쓰면 된다.

물 40~50ℓ에 쇠뜨기 달인 액 1~1.5ℓ를 희석하여 사용한다. 모든 작물과 토양에 사용할 수 있다. 희석액 10ℓ면 100m²에 뿌릴 수 있다.

쇠뜨기 증폭제 사용하기

비가 많이 와서 지나치게 습도가 높아져 그로 인해 곰팡이, 균사류 등의 질병이 발생할 위험이 있을 때 사용한다. 쇠뜨기 증폭제는 과습으로 인한 피해를 막아 주는 역할을 하기 때문이다. 나라, 또는 지역에 따라 습도가 높은 시기가 다르겠지만, 우리나라는 주로 장마철에 유용하게 사용할 수 있다. 봄이나 가을에 비가 자주 내려서 토양과 공기 중의 습도가 높을 때도 사용하면 좋다. 겨울에 비닐하우스 안에서 상추 등의 채소를 재배하면 과습으로 곰팡이 병이 많이 발생하게 되는데 이때도 사용하면 좋다.

아침이나 저녁, 곧 햇빛이 약할 때 뿌린다. 낮이라도 구름이 끼어 있을 때는 뿌려도 좋다. 쇠뜨기 증폭제에는 규소 성분이 많이 들어 있어서 햇빛이 강한 한낮에 뿌리면 작물이 피해를 입을 수 있다.

역동화 Dynamization

'살포용 증폭제'와 '종합 증폭제'를 사용하기 전에 반드시 거쳐야 하는 과정이 있다. 상당량의 물에 아주 적은 양의 증폭제를 넣어 교반하는 작업이 그것이다.

　　루돌프 슈타이너가 꼼꼼하게 지침을 준 이 특별한 교반 작업을 역동화라고 부른다. 역동화 작업을 할 때 소똥 증폭제, 수정 증폭제는 1시간 동안, 쥐오줌풀 증폭제와 종합 증폭제는 20분간 저어 준다. 통에 물과 증폭제를 넣은 후 막대기 등을 사용해 용액을 한 방향으로 가장 큰 원을 그리며 힘차게 돌리면 가운데 부분이 푹 들어가면서 나선 모양의 소용돌이가 일어난다. 그때 다시 반대 방향으로 재빨리 방향을 바꾼다. 이때 물 전체에 물거품이 일어나며 통 안에는 혼돈이 생긴다. 바뀐 방향으로 다시 소용돌이를 만든다. 이렇게 왼쪽과 오른쪽을 번갈아 가며 힘차게 젓는다. 교반을 시작한 지 20분이 지나면서부터 증폭제 속에 있는 응축된 에너지가 물로 빠져나오기 시작해 1시간이 되면 완전히 빠져나오게 된다. 증폭제에 담겨 있던 힘이 물의 모든 방울 속에 전해진다. 저으면서 물의 질감이 매끄럽고 보드랍게 바뀌는 것을 알아볼 수 있다. 더 오래 저으면 더 효과가 있을까 하여 1시간 이상 저으면 오히려 에너지가 대기 중으로 빠져나가니 1시간에서 멈춰야 한다. 교반을 하는 동안은 멈추지 않는다.

교반 작업을 혼자서 하다 보면 자꾸 시계를 쳐다보게 된다. 초기에 이런 일이 있었다. 〈생명역동농업실천연구회〉 회원 중에 남양주에서 배 농사를 하는 분이 있었다. 그분은 오랫동안 유기농으로 과수 농사를 지어 온 분이라 수정 증폭제를 살포하기 위해 열정과 집념으로 교반 작업을 계속했다. 배나무에 살포까지 하고 나면 오전 시간이 훌쩍 지나가기도 했다. 그러다가 하루는 다른 일과 겹쳤고 무리하게 교반 작업을 진행하다 그만 몸살이 나고 말았다. 그 후로 수정 증폭제를 뿌릴 엄두가 나지 않았다고 한다. 그 얘기를 듣고 생각하게 되었다. 아무리 좋은 일이라도 너무 지치고 힘들면 그 일을 계속하기가 어렵구나. 세상 일이 다 마찬가지다. 처음에 열정이 있을 때야 어떻게든 지속할지 모르지만 어려운 일이 닥치면 좌절하게 되는 것이다. 역동화를 하는데 쉬운 방법을 찾아야겠다는 생각이 들었다.

유럽에서 루돌프 슈타이너로부터 직접 강의를 들은 사람들은 역동화를 할 때 되도록이면 손으로 직접 젓거나 나무 막대기 같은 도구를 사용해서 저었다. 그분들이 나이가 들고 계속하기가 어려워서 결국 역동화 기계를 고안하게 되었다고 한다. 하루는 어떤 분이 미국에서 가져온 역동화 기계 설계도를 보여 주었다. 그 설계도를 보니 기가 꽉 막혔다. 비용도 많이 들고 규모도 엄청났다. 물론 우리나라보다 경작지가 몇 배나 넓은 미국에서 사용하려고 하니 그랬을 것이다. 나는 우리 형편에 맞는 교반기를 생각하게 되었다. 기계를 다룰 줄 아는 사람을 찾아가서 설명을 하고 같이 작업을 시작했다. 견본도 없는 상태에서 일을 하다 보니 쉬운 일이 아니었다. 여러 차례 시행착오를 거치고 돈을 낭비한 후에야 완성할 수 있었다. 이렇게 고안한 기계로 소똥 증폭제, 수정 증폭제, 종합 증폭제를 역동화할 때 사용하고 있다. 기계가 없다고 낙담할 필요는 없다. 텃밭이나 비교적 좁은 면적에 살포할 때는 증폭제가 많이 필요하지 않으므로 기계를 사용하지 않고도 손이나 기구로 간단히 하면 된다.

물에 증폭제를 넣은 후 용액이
나선 모양의 소용돌이가
일어나도록 젓는다.

▶사다리로 삼각대를 만들어
막대기를 연결하면
한결 쉽게 저을 수 있다.

▶▶ 동력을 이용하여
교반하는 장치. 많은 양을
만들고자 할 때 사용한다.
다섯 개의 타이머가 있어서
시간 설정을 하면 설정된
시간에 완성된다.

준비하기

물은 빗물이나 지하수를 준비한다. 빗물은 바로 받아서 쓸 수 있으나 지하
수는 퍼 올린 다음 1~2일 후에 사용하는 것이 좋다. 빗물도 그 지역의 환
경이나 대기가 오염이 심하면 쓰지 않는 것이 좋다. 수돗물의 경우도 염소
등의 화학 물질이 혼입되어 있으므로 사용을 권장하지 않는다. 그러나 꼭
써야 한다면 물통에 담아 3~4일간 틈틈이 저어서 화학 성분을 날려 보낸
다음 사용하는 방법도 있다.

물의 온도는 차가운 것보다는 약간 미지근한 정도의 온도를 만들어
주는 것이 좋다. 나는 밭둑에 가마솥을 걸어 놓고 장작을 때서 물을 미지
근하게 데워 사용하고 있다.

물을 담아 둘 통으로는 목재나 토기 항아리 등 천연 소재로 된 것이
좋지만 만약 준비가 되어 있지 않다면 플라스틱 용기를 사용해도 무방하

다. 모양은 원통형을 준비한다. 각이 진 것은 각이 만나는 모서리(소용돌이를 만드는 데 방해가 된다)까지 충분하게 잘 섞을 수 없어 적합하지 않다. 다른 물질이나 기름 등이 남지 않은 깨끗한 상태의 통으로 한다. 크기는 직경보다 높이가 커야 하며 이상적인 비율은 1:1.4이다. 교반할 때 좋은 소용돌이가 생길 수 있도록 물을 절반만 채운다. 양이 적은 경우에는 손으로 직접 젓거나 나무 막대기 같은 도구를 사용한다. 소용돌이를 잘 만들기 위해 날개가 있는 막대기를 사용하기도 한다.

사용하기

역동화가 끝난 증폭제는 바로 사용해야 한다. 증폭제 용액을 양동이에 붓고 빗자루로 적셔서 골고루 뿌려 준다. 텃밭과 같이 작은 면적에는 손잡이가 달린 양동이와 작은 빗자루만 있으면 된다. 배낭 분무기를 등에 짊어지고 다니면서 뿌려 주는 방법도 있다. 이 경우 살충제를 넣었던 분무기통은 사용하면 안 되니 확인한다.

넓은 농지라면 동력 분무기를 사용하는 것이 편하다. 큰 통에 증폭제 용액을 넣고 동력 분무기에 긴 호스를 연결하여 밭으로 끌고 다니며 고루 뿌려 주면 된다. 역동화한 증폭제 용액은 3시간 이내에 사용해야 한다. 만일 3시간이 지났으면 다시 한 번 역동화를 해 준 다음에 뿌려야 한다.

소똥 증폭제와 수정 증폭제를 뿌리는 시기는 앞서 설명한 바와 같이 적절한 시기와 시간에 맞춘다. 너무 맑은 날씨나 너무 건조한 날씨는 피하도록 한다.

퇴비용 증폭제

'퇴비용 증폭제'는 퇴비 더미에 넣어 퇴비의 효과를 높이는 데 사용하는 증폭제로 톱풀, 캐모마일, 쐐기풀, 참나무껍질, 민들레 증폭제가 있다. 이 5가지 증폭제는 그것들이 지니고 있는 활력을 퇴비 더미에 전달하여 퇴비의 효과를 최대한 끌어 올려 준다.

톱풀, 캐모마일, 참나무껍질, 민들레는 식물의 한 부분(주로 꽃)을 동물의 내장 기관에 넣어서 감싸고 땅속에 묻어 완성한다. 쐐기풀은 동물의 기관이 아닌 토기에 넣어 1년간 땅속에 묻는다.

생명역동 퇴비를 만들기 위해서는 경작지 부근에 퇴비 장을 마련하여 완성된 5가지 퇴비용 증폭제를 묻고 마지막에 쥐오줌풀 증폭제를 뿌려 준 다음 퇴비를 숙성시킨다.

톱풀 증폭제 502

톱풀 꽃에 있는 칼륨 성분은 식물을 단단하게 만들어 준다.
꽃을 수사슴 방광에 넣어 여름 동안 햇볕 아래에서
말린 다음 겨울 동안 땅속에 묻어 증폭제를 완성한다.

국화과 식물인 톱풀은 꽃이 비슷한 높이에 조밀하게 피어서 하나하나의
작은 꽃들이 산방화서를 이룬다. 각각의 톱풀은 대부분 땅속 뿌리로 연결
되어 한 덩어리를 이룬다. 5~6월이 되면 하늘을 향해 하얀 빛깔이나 연분
홍 색깔의 꽃이 핀다. 잎사귀는 아주 섬세하게 생겼는데 그 잎 모양이 톱
을 닮아 톱풀이라 불린다. 토란이 잎이 크고 넓적해서 지구적 요소가 많은
대표적인 식물이라면 가늘고 섬세한 잎을 갖고 있는 톱풀은 우주적 요소
가 많은 대표적인 식물이라 할 수 있다.

　　우리 농장에서는 작물을 재배하지 않는 언덕이나 빈터에 톱풀을 심
는다. 많이 심지 않아도 우리가 1년을 쓸 만큼 충분한 톱풀 꽃을 얻을 수 있
다. 우리나라 토종 톱풀은 잎사귀가 진짜 톱처럼 생겼다. 서양 톱풀의 잎은
톱 모양을 하고 있으면서도 훨씬 섬세하다. 구하는 데 어려움이 없다면 우
주에서 오는 요소가 더 강한 서양 톱풀을 사용하는 게 좋다. 만일 서양 톱풀

자연계에 있는 질소가 어떤 기능을 하고 어느 만큼 중요한 지 제대로 파악하려면 질소와 함께 탄소, 산소, 수소, 유황을 같이 살펴보아야 합니다. 유황은 단백질 안에서 물질과 정신이 가지고 있는 조형력 사이를 이어 주는 역할을 맡고 있습니다. (p.77)

을 구할 수 없을 경우는 토종 톱풀을 사용해도 무방하다.

처음에 생명역동농법을 시작할 때 서양 톱풀을 구하기가 어려웠다. 어렵사리 구한 서양 톱풀 한 포기를 잘 돌보고 번식을 시켜 몇 년이 지나서는 충분한 서양 톱풀을 확보하였다. 톱풀은 3년에 한 번 정도는 옮겨 심는 것이 좋다. 원래 심어 놓은 뿌리는 3년이 지나면 쇠하여 그 뿌리가 죽고 측면에서 새 뿌리가 나오는데 그대로 놔두면 점점 약해져서 없어지기 때문이다. 처음에는 한 곳에만 심었는데 몇 년이 지나자 톱풀이 쇠해져서 꽃을 충분히 얻지 못해 애를 먹기도 했다. 그 이듬해 이른 봄에 뿌리를 많이 번식시켜서 여기저기에 심었다. 한 곳의 톱풀이 약해져도 다른 곳에서 충분히 나올 수 있도록 여기저기 많이 심은 것이다. 톱풀 꽃은 보기가 좋아서 화초로 키우기도 한다. 지금은 봄이면 톱풀 모종을 많이 만들어서 〈생명역동농업실천연구회〉 모임에 온 회원들에게 나눠 주기도 한다.

수사슴 방광 안에 톱풀 꽃을 넣어 주면 톱풀이 가지고 있는 유황(S)의 기운을 더욱 올릴 수 있다. 사슴이라는 동물은 청각과 시각이 아주 예민하여 작은 소리에도 민감하다. 이것을 보면 사슴은 우주적 특성이 강한 동물이라는 것을 알 수 있다. 소와 비교해 보면, 소는 멀리까지 내다보지도 못하고 색깔 구분도 잘 못한다. 웬만한 소리에 민감하게 반응하지 않고 오로지 자기가 먹은 먹이를 소화하는 데 에너지를 집중한다. 소의 이러한 성질은 바로 땅의 성질을 닮았다고 할 수 있다.

수사슴의 뿔은 해마다 가을이면 떨어져 나가고 다음 해 피부 속에 들어 있던 뼈가 7월까지 새로 자란다. 중년기까지는 힘차게 뿔을 만들고 그 뒤부터는 조금씩 만든다. 사슴은 소와 마찬가지로 위가 네 부분으로 이루어진 되새김 동물이지만 수사슴의 뿔은 소뿔과는 상반된다. 소뿔이 사람의 손톱과 같은 성질을 가졌다면 사슴뿔은 피부 밖으로 돌출된 뼈다. 소뿔은 소의 내부에서 발생한 에너지가 밖으로 나가지 못하도록 모은다면, 나뭇가지 모양을 한 사슴뿔은 사슴의 내부에서 발생한 에너지를 내보내는 곳이며 동시에 안테나처럼 우주에서 오는 기운을 받아들이는 기관이다. 뿔을 통해 사슴 내부로 우주의 힘이 들어오고 신진대사 과정에서 신장을 거쳐 방광 속으로 모인다. 사슴의 얇은 방광막은 사슴 몸속에 있을 때나 땅속에 있을 때나 똑같이 우주에서 오는 기운을 잘 받아들인다. 그래서 수사슴 방광은 톱풀 증폭제를 만드는 동물의 기관으로는 최적이다.

톱풀 증폭제의 효과

처음 생명역동농법 증폭제에 대한 설명을 들었을 때 '수사슴 방광에 톱풀 꽃을 넣어 처마 밑에 3~4개월 동안을 매달아 둔 후에 다시 6개월 동안을 땅속에 묻어야 한다'는 말은 납득하기 어려웠다. 기괴하고 황당하기까지 하였다. 왜 그래야 하는가 하는 의문에서부터 꼭 방광에 톱풀을 넣어야 한다면 주변에서 구하기 쉬운 돼지나 염소의 방광을 사용하면 안 되는가? 등 여러 가지 의문이 있었다. 그런 의문은 나만 가진 것이 아닌 것 같다. 여러 나라에서도 생명역동농법을 농사에 적용할 때 가장 이해하기 힘든 부분이 증폭제를 만들 때 동물의 기관을 사용하는 것이라고 한다. 처음에 생명역동농

잎이 크고 넙적한 토란은 잎이 가늘고 섬세한 톱풀과 대비된다.

업의 원리에 대한 이해가 없을 때 일어나는 당연한 의문이라고 하겠다.

땅과 식물 사이에서 이루어지는 많은 과정 가운데 식물이 생명 조직체를 만들 때 칼륨(K)으로 하여금 식물의 실제 몸인 단백질 종류와 어떻게 올바른 관계를 맺도록 하느냐는 매우 중요하다. 칼륨은 식물이 자랄 때 뼈대를 이루게 하고 줄기를 단단하게 만든다. 세포의 함수량을 유지시켜 식물체가 똑바로 설 수 있게 해 주는 것이다. 그런데 톱풀 안에 들어 있는 극소량의 유황은 톱풀 안에서 본보기가 될 만큼 칼륨과 잘 맺어져 있다. 톱풀은 주로 칼륨을 만드는 과정에서 자신이 가지고 있는 유황의 기운을 적절하게 펼친다는 것이다. 유황은 라틴어로 해를 나르는 자, 그리스어로 빛을 나르는 자라고 한다. 루돌프 슈타이너는 유황을 영혼의 전달자라고 말한 바 있다.

톱풀 증폭제는 땅을 활성화해서 땅이 우주에서 오는 규산이나 납 등을 잘 받아들일 수 있게 한다.

수사슴 방광, 톱풀 꽃 준비하기

사슴 중에서도 수사슴의 방광을 쓴다. 그 이유는 수사슴만이 가지 뿔을 갖고 있기 때문이다. 사슴의 방광은 공같이 생겼다. 이 방광에 공기를 불어넣어서 팽팽하게 만든 다음에 잘 말려야 한다. 우리나라에서는 좋은 수사슴의 방광을 구하기가 어려워서 나는 독일의 생명역동농업을 하는 농부들에게서 수사슴 방광을 구입하여 사용하고 있다. 언젠가 친분이 있는 건강원 주인에게 수사슴의 방광이 필요하니 혹시 수사슴을 잡으면 연락해 달라고 부탁을 한 적이 있다. 어느 날 그가 연락을 주어서 가 보았더니 그는 자기가 바빠서 바로 연락을 못 했고 그러다 보니 상할까 봐 냉동실에 넣어 놓았다고 했다. 냉동한 방광은 버릴 수밖에 없었다. 증폭제에 사용하는 동물의 기관을 삶거나 냉동시키면 안 된다. 증폭제를 만드는 모든 재료는 살아 있는 영역에 머물러 있어야 하기 때문이다. 독일에서 가져온 수사슴 방광은 잘 건조하여 진공 포장을 한 상태여서 필요한 때에 개봉하여 사용하면 편리하다.

꽃은 서양 톱풀을 사용한다. 우리 농장에는 곳곳에 토종 톱풀과 서양 톱풀이 자라고 있다. 6월 중순부터 피는 꽃은 여러 가지가 있는데 톱풀은 증폭제를 만들 꽃이기에 제일 먼저 눈길이 간다. 톱풀은 햇볕이 있는 '열매의 날' 오전에 따서 모으는 것이 좋다. 꽃은 활짝 피었을 때 따야 한다. 어떤 꽃은 일찍 피어 씨방이 발달해 있기도 하지만 증폭제를 만드는 데는 아무 문제가 없다. 꽃을 따 모을 때 하나하나 따기가 어려우면 윗부분을 낫이나 가위로 잘라 다발로 묶어 집에 가지고 들어와서 시간이 날 때 손으로 꽃을 따거나 가위로 자르면 된다. 되도록이면 줄기 부분은 섞이지 않게 하는 것이 좋다.

증폭제 원료로 쓰는 캐모마일, 민들레, 심지어는 쥐오줌풀조차도 '꽃의 날'에 따는 것을 권한다. 그런데 서양 톱풀은 '열매의 날'에 따는 것이 좋다고 한다. 한여름 동안 열 기운을 충분히 받아들일 수 있도록 하기 위해서 열 기운이 많은 '열매의 날'에 따는 것이 좋다고 하는 것이 아닐까 생각한다.

그날 딴 꽃이라면 하루나 이틀 정도 햇볕에 시들게 해서 사용한다. 살짝 시든 톱풀 꽃은 방광에 넣기가 좋다. 말린 꽃을 사용해도 무방하다. 바로 수확한 꽃이나 말린 꽃이나 효과는 같다. 말린 꽃은 장마철을 지나는 동안 과습으로 곰팡이가 발생하는 등 변질되기 쉬우니 잘 봉하여 건조한 곳에 보관해 두어야 한다. 나는 그동안 초여름에 꽃을 따서 보관했다가 이듬해 봄에 회원들과 함께 사슴 방광에 넣는다. 이것을 처마 밑에 매달아 가을까지 두었다가 가을에 땅에 묻는다. 다른 꽃들은 봄이나 여름에 꽃

톱풀 꽃은 따서 하루 이틀
시들게 한 후 수사슴의 방광에
넣어 햇볕이 드는 처마 밑에
걸어 둔다. 이때 야생 동물이나
새의 피해가 없도록
잘 살펴야 한다.

을 채취하여 가을에 증폭제를 만드는데 톱풀 꽃은 여름에 채취하여 그 이
듬해 봄까지 거의 1년간 두었다가 만들기 때문에 보관하는 데 신경을 많이
써야 한다. 이런 것을 생각해 보면 초여름에 톱풀을 따서 바로 만드는 것
이 더 낫지 않을까 한다. 실제로 작년 여름에 처음으로 톱풀 꽃을 수확하
여 며칠 시들게 하여 바로 사슴 방광에 넣어서 매달았는데 보관에 신경을
쓸 필요가 없어서 편했다.

톱풀 증폭제 만들기

다른 증폭제는 가을에 만드는 데 비해 수정 증폭제와 톱풀 증폭제는 봄에
만든다. 톱풀 증폭제는 봄에 만들어 3~4개월간 처마 밑에 매달아 두었다
가 가을에 땅에 묻는다.

말린 사슴 방광은 미리 빗물이나 톱풀을 우린 따뜻한 물에 담가 두어 부드럽게 한 후에 사용한다. 방광 입구를 손가락 2개 정도의 구멍이 생기게 조금만 잘라내서 그 구멍으로 깔때기 모양으로 자른 플라스틱 병을 이용하거나 손가락으로 톱풀 꽃을 밀어 넣어 꽉꽉 채운다. 바싹 마른 톱풀이라면 역시 따뜻한 물에 담가 부드럽고 촉촉하게 한 다음에 사슴 방광에 넣는다. 여간해서는 방광이 잘 터지지 않지만 혹시 터지면 다른 방광의 조각으로 찢어진 부위에 대고 꿰매면 된다. 속을 다 채웠으면 단단한 끈으로 입구를 묶은 다음 그물망처럼 잘 엮어서 공기가 통하고 햇볕이 잘 드는 처마 밑에 매달아 둔다.

땅속에서 캐낸 톱풀 증폭제. 톱풀 꽃의 형체가 희미하게 남아 있다.

10월 중순경에 처마 밑에 걸어 둔 방광을 내려 비옥한 땅속에 묻는다. 구덩이는 30~40cm 깊이로 파서 만든다. 야생 동물이나 개의 피해가 예상되면 그 위에 나무판자를 놓은 다음에 흙을 덮으면 된다. 중심부에 나무막대기를 세워서 표시를 해 두면 이듬해 봄에 캐낼 때 찾기 편하다.

이듬해 4월 중순경에 땅속에 묻어 두었던 서양 톱풀 증폭제를 조심스럽게 파낸다. 마치 고고학자들처럼 아주 조심스럽게 손가락이나 숟가락 같은 도구를 사용하여 흙을 파낸다. 이때가 되면 더운 지방에서는 사슴 방광이 윤곽만 겨우 알아볼 수 있는 상태로만 남는 경우가 많기 때문에 땅속에서 증폭제로 변한 꽃을 조금도 잃지 않도록, 증폭제를 싸고 있는 흙의 일부를 함께 파낼 것을 권한다. 우리 농장이 있는 포천은 더운 지역이 아니므로 사슴 방광이 대체로 그대로 남아 있다. 구덩이는 메웠다가 그다음 해에 다시 사용하면 된다.

캐모마일 증폭제 503

캐모마일 꽃을 소 창자에 넣어 겨울 동안 땅속에 묻어 둔다.
캐모마일 증폭제는 식물로 하여금 꽃을 피우고 열매를
맺을 때 생기는 나쁜 영향을 물리칠 수 있게 해 준다.

캐모마일Matricaria Chamomilla은 스위스나 독일 같은 유럽 지역에서 마치 우리나라의 쑥이나 냉이처럼 들판 어디서나 쉽게 만날 수 있는 흔한 풀이다. 국화과의 한해살이 초본 식물로 어디서나 잘 자란다. 유럽에서는 캐모마일과 함께 심은 식물은 병에 걸리지 않는다고 하면서 '식물의 의사'라고 부르기도 한다. 캐모마일은 영하 20°C를 견딜 만큼 추위에 강한 식물이다. 이른 봄에 연한 싹이 올라올 때 냉이처럼 나물로 먹어도 된다. 5월 말경에 노랗고 하얀 꽃을 피운다.

　　1991년에 〈스위스 동아시아 선교회〉 초청으로 스위스 베른에 있는 여러 농가에서 돌아가며 함께 일하며 1년을 지냈다. 그때 풀밭에서 자주 본 풀꽃이 캐모마일이다. 그곳 사람들은 그 꽃을 따서 말려 두었다가 속이 불편할 때, 또는 불면증이 있을 때 끓여서 차로 마신다고 해서 나도 꽃을 따서 말려 두었지만 사용할 기회가 없었다. 나중에는 보관 중에 벌레가 생겨서 버린 기억이 있다.

나중에 알게 되었지만 캐모마일 꽃차는 인체의 점막 부분을 치료하는 효과가 있다고 한다. 특히 위와 장에 염증과 경화증이 있을 때 증세를 완화하고 치료하는 작용이 있다고 한다. 캐모마일의 독특한 향기는 기분을 상쾌하게 해 실제로 허브 농장이나 허브 차를 판매하는 곳에서 대표적으로 기르고 판매하는 차가 캐모마일 꽃차이다. 우리 생활 공간과 주변에 심어 두어 가까이하면 여러모로 이용 가치가 크다고 할 수 있겠다.

캐모마일은 톱풀처럼 섬세한 구조 속에 들어 있는 극소량의 유황으로 칼슘을 만든다. 캐모마일의 칼슘(Ca) 성분은 퇴비 더미에서 소실되는 생명력을 내부로 향하게 하여 퇴비 더미 속에 머물도록 한다.

캐모마일 증폭제는 캐모마일 꽃을 암소의 소장에 넣어 만든다. 소장에 캐모마일 꽃을 넣으면 마치 소시지나 순대처럼 보이는데 이것을 겨우내 땅속에 묻어 두면 소장이 캐모마일이 가진 고유의 능력이 잘 발휘되도록 도와준다.

캐모마일 증폭제의 효과

캐모마일 증폭제는 톱풀 증폭제와 마찬가지로 퇴비용 증폭제다. 화려하지 않고 시골 아낙네처럼 수수해 보이는 캐모마일을 증폭제로 만들어 퇴비 더미에 넣어 토양에 주게 되면 땅이 활기를 얻는다.

톱풀이 주로 칼륨을 만드는 과정에서 자신이 가지고 있는 유황의 기운을 펼친다면 캐모마일은 유황으로 칼슘을 만든다. 이렇게 만들어진 칼슘은 식물이 꽃이 피고 열매를 맺을 때 미치는 나쁜 영향을 물리치고 식물을 건강하게 유지시킨다고 한다. 슈타이너가 따로 설명하지 않았지만 식물은 열매를 맺을 때 대혼란이 오는데 캐모마일이 과도한 활력을 떨어뜨려 식물이 잘 성장하도록 도와준다는 것이 아닐까 한다. 식물이 생식 생장으로 들어서는 열매를 맺는 시기는 사람이 성 성숙기로 들어서는 사춘기에 비유될 수 있다. 사람도 그 시기에 대혼란을 겪지 않는가.

캐모마일 꽃, 암소의 소장 준비하기

캐모마일은 일년생 초본이지만 한 번 심어 두면 그곳에 계속 씨앗이 떨어져서 마치 숙근초인 것처럼 해마다 같은 곳에서 싹이 올라온다. 씨앗은 사방으로 날아가서 여기저기에서 싹을 틔운다. 여문 씨앗이 여름에 땅에 떨어지면 가을에 싹이 올라오는데 그 상태로 겨울을 난다. 토양 적응성도 뛰어나며 비옥하고 토양 조건이 좋은 곳에서는 큰 포기로 자라 많은 꽃을 피운다. 그러나 척박한 곳에서는 가늘게 올라와서 꽃 몇 개만 피고 만다. 양지바른 곳을 좋아하니 응달은 피하는 것이 좋다.

많은 꽃을 따고 싶으면 어느 정도 관리가 필요하다. 축축하고 다소 비옥한 곳에 심어야 충분한 양을 확보할 수가 있다. 우리나라 기후의 큰 특징 중 하나가 장마철이 있다는 것이다. 농사에 있어서 장마는 모든 것을 가르는 분기점이 된다. 장마 전과 장마 후는 완전히 다르다. 우리나라에서 농사를 지을 때는 이 점을 염두에 두어야 하는데 캐모마일의 경우도 마찬가지이다. 유럽에서는 여름이 끝날 때까지 캐

활짝 핀 캐모마일. 캐모마일의 꽃은 장마철이 되기 전에 충분히 준비한다.

모마일을 수확할 수 있지만 우리나라에서는 장마철에 비를 한두 번 맞고 나면 급격하게 망가진다. 장마 전에 충분한 꽃을 확보해야 한다. 톱풀 꽃은 장마 때 쇠했다가도 가을에 다시 한번 꽃이 피지만 캐모마일은 장마 때한번 쇠해지면 그 줄기마저 아주 고사하고 만다. 톱풀 꽃은 숙근초이지만 캐모마일은 장마에 취약한 일년생 초본이라는 것을 잊지 말아야 한다.

꽃은 5월 말경에 피기 시작하면 바로 조금씩 따 모아야 한다. 캐모마일의 하얀 꽃잎이 아래쪽으로 향한 활짝 핀 상태에서 가능하면 '꽃의 닐' 햇빛이 있는 아침에 따는 게 좋다. 꽃을 수확한 다음에는 바람이 통하는 응달에서 잘 말린다. 꽃잎이 바스라질 것처럼 지나치게 건조하다 할 정도로 완전히 말려야 한다. 말린 다음 공기가 통하는 망에 넣어 건조한 곳에 보관한다.

말린 꽃은 가을에 암소의 소장에 넣어서 증폭제로 만들 때까지 여러 달을 기다려야 한다. 보관에 신경을 써야 한다는 말이다. 유럽은 여름에 온도가 높기는 하나 공기 중에 습도가 높지 않아서 보관하기가 쉬운 반면 우리나라는 여름에 습도가 높기 때문에 신경을 많이 써야 한다. 잘 보관하지 않으면 까만 곰팡이가 발생하여 보기에도 좋지 않지만 증폭제 원료로서 가치도 떨어지니 보관할 장소를 잘 선택해야 한다. 우리는 여름에도 실내가 건조한 보일러실에 캐모마일을 보관한다.

암소의 소장도 가능하면 자기 농장에서 기르던 소의 것을 사용하면 좋다.

마시는 차로 이용하려고 할 때도 마찬가지다. 아주 잘 말려 두지 않으면 시간이 지남에 따라서 묵은내가 생긴다. 어느 해인가 캐모마일 꽃을 많이 수확하여 말려 두고 차로 마시기로 했는데 처음에는 괜찮았으나 시간이 지날수록 묵은내가 심해졌다. 마침 꽃차를 전문으로 만드는 이가 방문했기에 이유를 물어보았더니 충분히 건조하지 않아서 그럴 것이라고 했다. 충분히 건조시켰다고 생각했지만 그렇지 않았던 것이다. 그 후로 캐모마일을 말릴 때는 지나치다고 할 정도로 완전히 말려서 보관하고 있다. 차로 마시려 한다면 건조한 후에 밀폐된 용기에 넣어서 보관하는 것이 좋다.

암소의 소장도 가능하면 자기 농장에서 기르던 소의 것을 사용하면 좋다. 나도 가능하면 우리 농장에서 자란 암소의 소장을 사용하지만 매년 캐모마일 증폭제를 만들 때마다 준비하지는 못한다. 암소를 도축할 때 소장을 건조시켜 잘 보관했다가 증폭제를 만들 때 쓰기도 하지만 그러지 못할 때는 마장동 시장에서 기름이 많지 않은 것으로 구입해서 사용하기도 한다.

건조할 때는 소장에 바람을 불어 넣어서 처마 밑에 매달아 말리면 된다. 햇볕이 좋은 날은 하루 이틀이면 완전히 마른다. 고양이를 비롯한 야생 동물의 피해를 염두에 두고 안전한 장소를 찾아야 한다. 이런저런 염려가 된다고 냉동실에 넣어 얼리는 것은 좋지 않다. 반복하지만 모든 증폭제 원료는 살아 있는 영역에 머물러야 하기 때문이다.

캐모마일 증폭제 만들기

먼저 말려 둔 캐모마일 꽃을 미지근한 물에 적셔 소의 소장에 넣기 좋은 상태로 만든다. 건조하지 않은 소장은 그냥 사용하면 되지만 건조하여 보관해 둔 소장을 사용할 경우 신선한 캐모마일로 만든 찻물이나 이미 말려 놓은 꽃으로 만든 찻물에 담가서 부드러운 상태로 만든 후에 사용한다.

캐모마일 꽃을 소장에 넣을 때는 페트병 입구를 잘라 깔때기를 만들어 소장에 대고 막대기로 밀어 넣으면 된다. (독일의 한 농장을 방문했을 때 동파이프로 만든 깔때기를 사용하는 것을 눈여겨보았는데 동(구리)을

봄이 되면 땅속에서 꺼내어 톱풀을 가지고 했던 것처럼 거름에 줍니다. 보관할 때도 톱풀처럼 하면 됩니다. 이런 거름은 무엇보다도 질소 성분이 다른 거름에 비해서 많이 들어 있습니다. 안정되어 있습니다. (p.153)

사용하는 이유는 혹시 모를 나쁜 영향을 줄이는 가장 좋은 방법이라고 했다) 나중에 캐낼 때 납작해져 있지 않도록 꽉꽉 채운다. 다른 도구를 사용하지 않고 손으로 직접 밀어 넣어도 되는데 한두 번 하다 보면 요령이 생겨서 쉽게 할 수 있다. 그런 다음 양쪽 끝을 실로 묶어서 땅에 묻는다. 톱풀 증폭제와 동일한 방법으로 야생 동물이나 개의 피해가 염려되면 어느 정도 흙을 덮은 후에 그 위에 나무판자로 보호대를 설치하면 좋다.

4월 중순경에 땅속에 묻어 두었던 캐모마일 증폭제를 조심스럽게 파낸다. 달라붙은 흙을 떼어 내고 그늘에서 어느 정도 말린 후 사용하거나 보관하면 된다.

쐐기풀 증폭제 504

사람의 피 속에 들어 있는 철분처럼
땅과 식물이 자라는 주변 환경에 좋은 작용을 한다.

쐐기풀은 만지면 쐐기처럼 톡톡 쏘는 성질을 갖고 있다 하여 붙여진 이름
이다. 푸른 잎사귀에는 가시 털이 있어서 건드리고 조금 지나면 많이 따가
워진다. 뿌리는 땅속에서 넓게 퍼져 가는데 아주 먼 곳까지 그 뿌리가 뻗
어간다. 대단한 번식력과 생명력을 지닌 식물이라고 할 수 있다.

　　쐐기풀은 유황을 지녔으며 칼륨, 칼슘뿐 아니라 철분(Fe)과 잘 맺어
져 있다. 사람의 피 속에 들어 있는 철분이 좋은 영향을 미치는 것처럼 쐐
기풀은 자연의 흐름에 좋은 영향을 미친다. 루돌프 슈타이너는 쐐기풀은
사람의 심장 옆에 자랐어야 할 식물이라고 말했다. 쐐기풀의 역할과 조직
이 인체의 심장과 비슷하기 때문이라고 했다. 쐐기풀을 통해 땅과 식물과
동물 그리고 사람들은 치료 효과를 경험한다. 건드리면 부서지는 쐐기풀
의 가는 털은 피부 속으로 파고 들어가면서 나트륨, 콜린, 히스티딘이 들
어 있는 액을 내놓는데 이것이 치료 작용을 한다. 쐐기풀은 추출물도 유용

하다. 식물의 성장을 촉진하고 진딧물의 억제에도 도움이 된다. 사람의 피를 맑게 하고 류머티즘을 치료해 준다. 톡톡 쏘는 털로 스스로를 보호하고 강한 치유 능력으로 주변을 건강하게 해 준다.

쐐기풀 증폭제의 효과

쐐기풀은 우리나라에서는 잘 알려지지 않은 식물이다. 쐐기풀은 적응력이 좋아 아무데서나 잘 산다. 쐐기풀을 알지 못하여 겪은 일이 있다. 앞에서도 말한 바 있지만 나는 1991년에 스위스 여러 농가에서 일 년을 지낸 적이 있다. 〈스위스 동아시아 선교회〉에서 진행한 프로그램인데 참가자들이 몇몇 스위스 농가에서 함께 일하며 생활하고 문화와 기술을 배우며 교류하는 내용으로 되어 있었다. 그때 유럽의 역사와 문화, 지리를 익히고 이해하는 데 많은 도움을 받았다. 그곳에서 쐐기풀을 처음 만났다. 어느 날 농장에서 함께 일하던 포르투칼 친구들과 양배추 밭에서 김매기를 하던 중이었다. 휴식 시간이 되어 차를 마시려고 풀밭에 앉았는데 갑자기 따가워서 화들짝 놀라 벌떡 일어났다. 개미집에 앉았다가 개미들에게 물린 줄 알았다. 들고 있던 컵을 놓치고 허둥지둥하는 나를 보고 옆에 있던 사람들은 기다리고 있었다는 듯 웃느라고 정신이 없었다. 더운 여름철이라 반바지 차림이어서 종아리가 온통 벌겋게 되었다. 그들은 쐐기풀을 잘 알고 있었지만 나는 전혀 알지 못했기에 생긴 일이었다. 이 일로 생명역동

쐐기풀은 캐모마일이나 톱풀처럼 다른 식물로 대신할 수 없습니다. 만일 구할 수 없는 지역이라면 말린 것을 사용하는 수밖에 없습니다. 이 쐐기풀은 실제로 만물박사입니다.(p.154)

농업에서 쐐기풀이 중요하다는 것을 알게 될 때까지 나는 쐐기풀에 대해서 좋지 않은 인상을 갖고 있었다. 몇 년 전에 어느 모임에서 야생초 편지를 쓴 황대권 선생을 만났는데 그는 생명역동농업에서는 왜 쐐기풀같이 따갑게 쏘는 좋지 않은 식물을 쓰느냐고 내게 물었다. 미국에 있을 때 쐐기풀을 건드렸다가 혼난 적이 있다는 것이다. 그도 쐐기풀의 좋은 점을 알게 된다면 생각을 바꾸지 않을까.

증폭제를 만드는 다른 식물은 구할 수 없는 경우 다른 유사한 것으로 대체할 수 있지만 쐐기풀은 어떠한 것으로도 대신할 수가 없다고 한다. 반드시 쐐기풀이라야 하는 것이다. 루돌프 슈타이너는 『자연과 사람을 되살리는 길』에서 쐐기풀에 대해서 다음과 같이 말하고 있다. "쐐기풀 증폭제를 만들어서 퇴비 더미 속에 넣으면 그 퇴비는 마치 이성을 가진 것처럼 외부로부터 퇴비에 나쁜 영향이 미치는 것을 막아 주고 내부의 유익한 성분이 달아나는 것을 붙들어 주는 역할을 한다. 또한 땅의 구조를 개선하고 철과 질소가 지나쳐서 일어나는 좋지 않은 작용을 억제한다. 마치 오케스트라의 지휘자 같은 역할을 하는 것이다."

쐐기풀은 근처에 심기만 해도 다른 식물이 자라는 주변 환경 전체에 아주 좋은 영향을 미친다. 이런 쐐기풀을 증폭제로 만들어 사용하면 쐐기풀의 유익한 기능이 한 단계 높아진다.

쐐기풀 준비하기

쐐기풀은 줄기까지 사용한다. 다 자란 쐐기풀이 꽃이 피기 시작할 때 '꽃의 날' 오전을 골라 전체를 낫으로 베어서 하루 이틀 햇볕에 시들게 놓아둔다. 우리 지역에서는 5월 말경에 쐐기풀 꽃이 핀다. 이때 베어 시들시들해진 쐐기풀은 작두로 잘게 썰어 놓는다.

쐐기풀늘 살세 씰어
토기 속에 넣은 후 1년이 지난
다음에 꺼낸 쐐기풀 증폭제

쐐기풀 증폭제 만들기

쐐기풀 증폭제는 다른 증폭제를 만들 때와는 달리 동물의 기관이 필요 없다. 잘게 썬 쐐기풀은 유약을 바르지 않은 토기에 넣어 뚜껑을 덮어 비옥한 땅속에 묻는다. 단단히 봉할 필요는 없어서 나는 뚜껑 대신 넓은 참나무껍질을 위에 얹는다. 토기는 밑이 터져 있어야 한다. 밑이 터진 토기라야 여름 장마철에 비가 많이 와도 빗물이 들어가 고여서 쐐기풀이 부패하는 것을 막을 수 있다. 토기가 없을 경우 구덩이를 파고 쐐기풀을 자루에 담아 넣은 다음 피트모스를 사방 5cm 이상 충분히 채운 후 그 위에 다시 흙을 덮는다.

    1년 후에 꺼내어 작은 나무 상자나 오지그릇 같은 데 넣어 보관한다. 증폭제를 꺼낸 빈 구덩이는 이듬해에 다시 쐐기풀을 묻기 위해 그대로 둔다. 나는 토기는 그냥 묻어 둔 채로 완성된 쐐기풀 증폭제만 꺼낸다.

    쐐기풀 증폭제를 퇴비 더미나 종합 증폭제에 넣어 사용할 때는 항상 퇴비의 중심부에 넣도록 한다.

참나무껍질 증폭제 *505*

참나무 껍질을 가축의 두개골에 넣어 겨울 동안 물이 스며드는 땅속에 묻어 만든다. 참나무껍질 증폭제에 들어 있는 살아 있는 칼슘 성분은 식물이 성장하는 동안 병에 걸리지 않도록 돕는다.

땅에 굳게 뿌리를 박은 참나무는 겨울의 추위와 눈, 여름의 더위, 장마와 태풍 등 1년에 걸친 갖가지 기상 변화를 견디며 굳건히 자란다. 부드러운 어린잎과는 대조적으로 목질은 단단하고 딱딱하다.

　　참나무, 참 좋은 이름이다. 참새, 참깨, 참나물, 참꽃, 참나무 등 진짜라는 것을 강조할 때 앞에 '참'이라는 글자를 붙인다. 재배하는 작물 중 가장 향이 좋은 것이 참깨이다. 참깨로 기름을 낸 참기름은 나물을 무칠 때 한두 방울만 떨어뜨려도 진한 향기가 나물에 풍미를 더한다. 어렸을 때 산에서 진달래는 참꽃이라 하여 따 먹었지만 개꽃인 철쭉은 진달래보다 꽃이 더 화려하지만 독이 있어서 먹을 수가 없었다. 나무 중의 나무기 지금 말하고자 하는 '참나무'다. 숲에 있는 참나무는 서로 경쟁하느라 위로만 자라서 별로 볼품이 없지만 들판에 홀로 서 있는 참나무는 우아한 기품이 있다. 마음껏 두 팔을 벌리고 당당하게 서 있는 참나무를 보고 있노라면 온갖 풍상에도 꺾이지 않는 위대한 인물을 보는 듯하다.

참나무의 겉껍질은 77%가 칼슘 성분으로 되어 있다. 루돌프 슈타이너는 참나무 껍질의 성질이 식물과 살아 있는 땅의 성질 중간과 같다고 하였다. 칼슘은 지나치게 강한 생명 기운을 억눌러서 별 기운이 작용할 수 있도록 하는데 참나무 껍질에 있는 칼슘 구조가 가장 이상적이라고 했다. 지나친 생명 기운을 생명 조직에 충격을 주지 않으면서 일정하게 움츠러들게 하려면 참나무 껍질 속에 있는 칼슘 구조를 사용해야 한다고 했다. 이러한 칼슘은 거름을 통하여 땅에 주어야 한다. 땅에다 칼슘 자체를 그냥 준다고 해서 치료 작용에 도움이 되는 것은 전혀 아니다. 살아 있는 영역 안에 머물러 있어야 한다. 참나무 껍질에는 칼슘과 함께 탄닌산도 있다. 칼슘이 사상균의 성장을 막는다면 탄닌산은 해충을 방제한다.

참나무껍질 증폭제의 효과

참나무껍질 증폭제는 이러한 참나무의 껍질을 소의 두개골에 넣어 만든다. 이 증폭제를 토양에 공급하면 살아 있는 칼슘이 땅속에서 균형과 질서를 유지해 식물로 하여금 땅이 하는 작용을 잘 받아들이게 한다. 칼슘이 동물의 경우 뼈를 튼튼하게 유지할 수 있게 한다면, 뼈가 없는 식물에서는 줄기와 표피를 강하게 하여 비바람으로 인해 발생하는 손상을 막아 주고, 곰팡이와 같은 사상균을 억제하는 역할을 한다. 한마디로 참나무껍질 증폭제는 작물이 병에 대응할 수 있는 힘을 갖게 한다.

루돌프 슈타이너는 "땅에 단순히 칼슘을 주는 것만으로도 식물에 생기는 질병을 막거나 치료할 수 있다. 그러나 땅에다 칼슘 자체를 준다고 해서 도움이 되는 것은 아니다. 우리가 거름을 주어서 비옥한 땅을 만들어도 식물이 자신 속으로 받아들일 수 있는 능력을 갖추지 못한다면 그 땅은 식물 성장에 도움이 되지 못할 것이다."라고 했다. 식물은 생명 기운이 없으면 죽어 있는 광물과 다름이 없다. 칼슘이 식물의 생명 기운에 영향을 주기 위해서는 칼슘 역시 살아 있는 영역 안에 머물러야 한다. 살아 있는 땅의 성질을 내포하고 있으면서 칼슘 성분이 풍부한 참나무 껍질이야말로 이상적인 증폭제의 재료가 아닐까 한다.

루돌프 슈타이너는 다른 증폭제와 다르게 참나무 껍질을 싸는 가축 두개골의 역할에 대한 설명을 하지 않았다. 어떤 가축의 두개골이든 상관없다는 것과 농가에서 기르는 가축의 두개골이면 더 좋다고 말했을 뿐이다.

쇠뜨기와 쐐기풀 증폭제를 제외한 다른 증폭제를 만들기 위해서는 식물 및 광물 재료를 넣을 겉싸개로 동물의 기관이 필요하다. 이때 동물의 기관은 삶거나 소독, 냉동시키는 등 기관을 변질시키는 처리를 하지 않은 그대로 사용해야 한다. 각 기관은 동물 유기체 속에서 했던 원래의 기능대로 증폭제가 숙성되는 과정에서도 똑같이 기능해야 하기 때문이다.

달과 지구 위에 있는 물 사이에는 어떤 상관 관계가 있습니다.(p.47) 겨울 동안 축축한 땅속에 묻어 둔 두개골 속 참나무껍질은 달에서 오는 힘을 잘 받아 칼슘의 기운이 응축된다.

소 두개골, 참나무 껍질 준비하기

어떤 가축의 두개골이든 상관이 없지만 소의 두개골을 쓰는 이유는 구멍이 커서 참나무 껍질을 많이 넣을 수 있기 때문이다. 자기 농장에서 직접 기른 소의 두개골이 좋으나 그러지 못할 경우에는 도축장에서 구입하기도 한다. 증폭제를 만들기 한 달쯤 전에 소의 두개골을 퇴비 더미에 넣거나 자루 속에 넣어 두면 살은 없어지고 뼈만 남는다. 구더기가 슬어서 살을 깨끗이 먹어 치우는 것이다.

매년 9월 20일(추분)을 전후해 '뿌리의 날'에 뒷산에 올라가 참나무의 껍질을 벗겨 준비한다. 그러면 너와집의 지붕에도 얹을 만큼 커다랗고 보기 좋은 껍질을 쉽게 얻을 수 있다. 10월이 되면 나무의 잎과 줄기에서

참나무는 껍질을 벗겨도 죽지 않고 껍질이 다시 회복된다.

수액이 서서히 뿌리로 내려가 껍질을 벗기기가 쉽지 않다. 어느 해인가 바빠서 그 시기를 깜빡 놓치고 10월 초에 산에 올라가서 껍질을 벗겼더니 껍질이 잘 벗겨지지도 않았고 조각조각 떨어져 나왔다. 그 일로 우리 지역에서는 대체로 9월 말이 되면 나무들의 수액이 뿌리로 내려가고 휴면기로 접어들게 된다는 사실을 알게 되었다. 물론 수액이 내려가는 시기는 지역마다 달라서 9월 말보다 조금 앞서거나 늦거나 할 것이다.

참나무껍질 증폭제 만들기

참나무 껍질을 절구에 빻아서 작은 빵 부스러기 정도의 크기로 부서뜨린다. 그 가루를 소의 두개골 속에 집어넣는다. 그런 다음에 두개골의 입구를 다른 뼛조각이나 진흙으로 막는다. 축축한 땅을 골라 두개골의 크기만큼 구덩이를 판 후 두개골을 넣어 다시 흙으로 얇게 덮는다. 축축한 땅으로는 처마 아래가 좋다. 처마 아래에 묻으면 처마에서 떨어지는 빗물이나 눈 녹은 물이 흘러 들어갈 수 있다. 그 물은 다시 빠져나갈 수 있어야 한다. 나 역시 소 우리 입구에 있는 처마 밑에 묻어서 비가 올 때나 눈이 올 때 물이 흘러들어 가게 한다. 다음 해 파낼 때 쉽게 찾기 위해서 그 위에 막대기를 꽂아 위치를 표시한다.

    10월에 가을과 겨울을 땅속에서 보낸 후 이듬해 봄 4월경에 다른 증폭제를 캐낼 때 함께 캐낸다. 캐낸 두개골 속에서 참나무껍질을 긁어낸다. 한 번 사용한 두개골은 다시 증폭제 만들 때 사용할 수 없다. 옅은 갈색이던 참나무껍질이 진한 갈색을 띠었다면 좋은 증폭제가 된 것이다.

소 우리 입구에 있는 처마 밑에 묻어서 비가 올 때나 눈이 올 때 물이 흘러들어 가게 한다.

민들레 증폭제 506

민들레 꽃을 소의 장막에 감싸서
겨울 동안 땅속에서 응축시킨 규소 성분은 식물이 자랄 때
필요한 성분을 주위에서 스스로 잘 끌어당기게 한다.

모든 식물의 싹이 막 돋기 시작하는 이른 봄에 노란 민들레를 보면 사람들은 봄이 시작된 것을 실감하며 민들레를 반긴다. 국화과 식물인 민들레는 꽃대의 끝에 한 송이 꽃이 피는 두상꽃차례를 이룬다. 뻗어 오른 꽃대와 잎을 꺾으면 하얀색의 유액이 나오는데 맛이 쓰다. 이른 봄에 언 땅을 뚫고 올라오는 민들레를 보면 기후 적응성과 토양 적응력이 강한 식물임을 알 수 있다. 봄이면 일부러 찾아 나서지 않아도 우리 주변에서 언제든지 만날 수 있는 친숙한 식물이다. 도로의 아스팔트 틈새에서도 볼 수 있고 등산로의 무수한 발자국 밑에서도 꽃을 피운다.

　　스위스에 1년 머물 때 그곳 농가에서 가을에 민들레 뿌리를 캐어 보관해 두었다가 이른 봄에 연화 재배를 하는 것을 보았다. 빛을 차단하여 새싹이 노랗게 올라와 자라면 잘라서 채소가 귀한 이른 봄에 집에서 샐러드로 먹고 판매도 했다. 우리나라에서는 연한 민들레를 뿌리째 캐어 김치

소의 장막에 싸여 겨울 동안
땅속에 있던 민들레는
어두운 갈색을 띠고
잘 발효된 냄새가
희미하게 난다.

를 담으면 고들빼기처럼 잃었던 입맛을 되찾게 해 준다. 꽃은 따서 잘 말렸다가 차를 끓여도 좋고 뿌리도 캐내어 말린 후에 덖어서 끓여 마시면 훌륭한 차가 된다. 쌉싸름한 맛이 가히 일품이다. 약용으로도 사용이 가능하다. 관절염이나 암을 비롯하여 많은 질병이 염증과 관련이 있다고 한다. 잎과 뿌리를 말려서 분말을 만들어 하루에 20g 이상씩 복용하면 몸에 염증을 없애는데 도움이 된다. 어느 것 하나 버릴 게 없는 것이 민들레다.

민들레 꽃은 아침에 이슬이 사라지는 것과 동시에 해가 떠오르는 동쪽을 향하여 꽃잎을 펼치고 오후에는 해가 지는 남서쪽을 향하면서 오므린다. 이것을 보면 민들레가 빛에 아주 예민하다는 것을 알 수 있다. 며칠간 계속해서 꽃잎을 펼칠 때마다 꽃은 점점 더 활짝 핀다. 꽃잎이 펼치고 오므리기를 며칠간 반복한 후에는 잠시 오므리고 있다가 기적처럼 가는 갓털로 된 빛나고 섬세한 하얀 공 모양을 만든다. 갓털에는 씨앗이 붙어 있다. 민들레 씨앗은 이 갓털이 붙어 있어서 입으로 가볍게 불거나 약한 바람만 불어도 날아간다.

민들레 증폭제를 만들기 위해서는 소 장막이 필요하다. 소의 배 속에는 내장을 싸고 있는 하얀 막이 있다. 이것을 장막이라고 하는데 소화 기관으로 분류된다. 소의 장막은 위에서부터 뻗어나가는 커다란 주름으로 마치 앞치마와 같이 내장을 배 옆까지 감싸고 있다. 이 장막은 소의 몸 밖에 있을 때라도 소의 몸속에 있을 때와 같은 역할을 한다. 이러한 장막으로 민들레를 감싸 땅속에 묻어 두면 민들레의 능력을 끌어올리도록 도와

준다고 한다. 장막은 소의 배 속에서 장들을 중력에서 자유롭게 하고 서로 붙지 않게 하며 서로 소통하고 상호작용할 수 있도록 해 소화 과정을 전체적으로 돕는다.

민들레 증폭제의 효과

민들레 증폭제를 넣어 만든 퇴비를 땅에 뿌려 주면 토양에 살아 있는 규소 성분이 풍부해진다. 이러한 토양에서 자란 농작물은 논밭 안에 있는 것을 흡수하는 데 그치지 않고 그 옆에 있는 땅이나 심지어는 숲에서까지 자기가 필요한 성분을 끌어올 수 있다.

　　루돌프 슈타이너는 식물이 잘 성장하려면 식물 내부에서 규산과 칼륨 사이에 상호작용이 올바르게 일어나야 한다고 했다. 그러면서 민들레는 규산과 칼륨이 올바르게 잘 맺어져 있는 모범적인 식물로, 민들레를 재료로 증폭제를 만들어 퇴비에 넣으면 작물이 우주에 극소량으로 퍼져 있는 규소를 필요한 만큼 끌어당긴다고 했다.

민들레 꽃, 소 장막 준비하기

민들레는 아직 차가운 기운이 가시지 않은 4월부터 5월 중순까지 꽃이 핀다. 서양 민들레 중에 성질이 급한 녀석들은 찬 서리가 내리는 3월 중하순부터 핀다. 서양 민들레는 번식력이 강하다. 요즈음 우리가 주변에서 보는 노란 민들레는 거의 다 서양에서 들어온 귀화종이다.

　　월터 골드스타인이 하얀 민들레가 더 약성이 강하다고 해서 나도 집 주변에 하얀 민들레를 보호하여 번식을 많이 시키고 있다. 충분한 양이 확보된다면 토종 민들레를 쓰면 좋겠지만 증폭제로 사용하는 데는 어떤 민들

하얀 민들레가 약성이 강하기도 하고 토종 민들레를 보호하는 차원에서 번식에 신경 쓰고 있다.

레를 써도 무방하다. 토종 민들레와 서양 민들레를 구분하는 방법으로는 꽃받침을 보면 된다. 꽃받침이 꽃을 감싸고 있는 것이 토종이며 바나나의 껍질을 벗겨 놓은 것처럼 밑으로 쳐져 있는 것은 서양 민들레다.

아침에 이슬이 걷힌 후에 햇볕이 빛나고 따뜻해져 비로소 꽃잎이 활짝 펼쳐졌을 때 딴다. 꽃은 피기 시작한 지 3일 이내 되는 것을 따야 한다. 꽃이 가운데까지 활짝 핀 것은 말리는 동안 씨만 남게 되어 쓸모가 없다. 그래서 민들레가 노랗게 핀 들판에 가 보아도 막상 딸 만한 꽃이 많지 않다. 필요한 양을 채우려면 매일매일 꾸준히 따서 모아야 한다.

꽃은 봄에 피지만 가을에 증폭제를 만들기 때문에 잘 말려 두어야 한다. 민들레 꽃을 응달에서 말리는 것이 좋지만 실제로 응달에서 서서히 말리다 보면 꽃이 갓털로 바뀌어 못 쓰게 되는 경우가 많다. 그래서 나는 꽃을 햇볕에 몇 시간 동안 말린 다음, 그물처럼 엮은 바구니나 종이 위에 얇게 한 겹으로 펼쳐 놓고 완전히 마를 때까지 공기가 통하는 그늘에 둔다. 잘 마르도록 처음에는 자주 뒤집어 주는 것이 좋다. 잘 말렸더라도 장마철에는 곰팡이가 발생하기 쉬우니 잘 보관해야 한다. 나는 증폭제에 쓸 톱풀이나 캐모마일과 마찬가지로 건조한 보일러실에 보관한다. 증폭제를 만들 때는 이렇게 건조해 보관해 두었던 민들레꽃을 물에 담가 물기를 흡수시켜 촉촉하게 한다.

장막은 자기 농장에서 기르던 소의 것이 좋다. 소를 도축한 후 곧바로 기름기가 없는 부위를 잘라 내어 햇볕에 3~4일간 말린다. 낮에는 밖에 두고, 밤에는 들여놓는다. 밤에는 고양이나 야생 동물이 먹어 버리기도 하므로 잘 간수해야 한다. 잘 말려 놓으면 비닐봉지에 넣어 보관해도 변질되지 않는다. 바람이 잘 통하는 선선한 곳에 보관한다. 보관 중에도 잘 살펴보고 필요하면 또 한 번 말린다. 이렇게 보관한 장막을 사용할 때는 따뜻한 물이나 민들레 찻물에 담가 부드럽게 만든다. 그러나 가장 좋은 것은 새로 잡은 소의 신선한 장막이다. 민들레 전체를 공 모양으로 감쌀 수 있게 만들려면 $20 \times 20\,cm^2 \sim 35 \times 35\,cm^2$ 크기가 적당하다.

민들레 증폭제 만들기

10월 중순경에 만들어 땅에 묻는다. 장막에 민들레 꽃 5움큼 정도를 꼭꼭 누르며 채워서 지름 15cm 정도의 공 모양으로 만든 다음 전체를 실로 돌려가며 묶는다. 그런 다음에 30~40cm 깊이로 구덩이를 파고 묻는다. 참나무껍질 증폭제를 제외한 다른 모든 증폭제는 습기가 너무 많은 땅에 묻지 않아야 하는데 민들레 증폭제도 마찬가지로 지나치게 습한 곳에 묻지 않도록 한다. 서양에서는 야생 동물의 피해가 꽤 있어서 위에 나무판자를 덮은 다음에 묻기도 하는데 우리나라에서는 그럴 염려가 없어서 나무판자를 덮을 필요는 없다. 묻은 다음에 중심부에 나무 막대기를 세워서 표시를 해 두면 이듬해 봄에 캐낼 때 찾기 쉽다.

　　땅속에 묻어 두었던 민들레 증폭제는 이듬해 4월 중순경에 조심스럽게 파낸다. 징막을 가위로 질라 속에 있는 민들레를 써낸다. 남아 있는 장막은 증폭제로 같이 사용하면 된다. 증폭제를 묻었던 구덩이는 흙으로 메워 두었다가 다시 사용하면 된다.

　　민들레 증폭제는 그다음 해까지 2년간 사용할 수 있다.

퇴비와 퇴비용 증폭제 보관

퇴비 없는 유기 농업은 생각할 수 없다. 유기 농업은 토양이 지속적으로 건강을 유지해야 가능한 생산 방식인데 퇴비 없이는 건강한 토양을 유지할 수 없기 때문이다. 유기 농업이라고 하면 보통 농약과 제초제, 화학 비료를 쓰지 않고 작물을 기르는 농법이라고만 생각하지만 그것은 법이 정한 최소한의 기준일 뿐이다. 유기 농업에 있어 퇴비 확보는 매우 중요하다. 세계 유기농 대회에서 다른 나라들이 우리나라의 유기 농업을 낮게 평가하는 것을 느낀 적이 있다. 나는 그 주된 이유 중의 하나가 우리나라에서 스스로 퇴비를 마련하여 사용하는 유기 농가가 많지 않기 때문이라고 생각한다.

나는 매해 퇴비 재료가 분해를 시작할 즈음에 6가지 생명역동농법 증폭제를 넣어 퇴비를 만든다. 우주의 힘이 집약된 이 퇴비용 증폭제를 넣은 퇴비를 통해 활력이 토양에 전달되고 그것이 다시 작물에 전달되면 그 활력은 최종적으로 사람에게 전달된다. 건강하고 활력이 넘치는 먹을거리가 아니고서는 사람의 신체는 물론 정신까지 건강하게 할 수가 없다. 퇴비 없이 유기 농업을 한다는 것은 여비 없이 여행을 떠나는 것과 마찬가지다.

요즘은 퇴비라는 말을 쓰지만 엄밀히 구분하자면 '구비'와 '퇴비'로 나누어 말하는 것이 맞다. 가축의 분뇨로 만든 것을 '구비Manure'라

고 하고 낙엽이나 풀, 톱밥, 볏짚 등 식물성 잔재물을 이용하여 만든 것을 '퇴비Compost'라고 한다. 우리 농장에서는 두 종류의 재료를 모두 사용해 '퇴비 더미'를 만든다.

좋은 땅을 만드는 것은 좋은 퇴비를 마드는 것에서부터 시작된다. 퇴비용 증폭제를 넣은 퇴비와 그렇지 않은 퇴비는 토양과 작물에 전달하는 활력이 완전히 다르다. 퇴비용 증폭제를 넣은 퇴비는 땅에 전달한 활력을 작물이 잘 받아들일 수 있도록 해 준다.

완숙된 퇴비는 커피색을 띠며 수분은 50% 이하로 부엽토의 향이 나고 가볍다. 퇴비 양이 너무 적으면 열이 잘 발생하지 않는다.

퇴비 만들기

퇴비 재료를 쌓아 놓으면 열이 나면서 발효가 시작된다. 우리 농장의 경우 완숙되기까지는 대략 10개월 정도의 시간이 걸린다. 그 기간 동안 한 달에 한두 번 정도 뒤집어 준다. 최적의 환경이 되지 않으면 퇴비는 만드는 도중에 부패한다. 부패와 발효는 비슷할 것 같지만 완전히 다르다. 퇴비 재료는 분해가 시작되면 부패 과정을 겪게 된다. 이것을 요건을 갖춰 잘 발효시키면 처음과는 다르게 악취가 사라지고 숲속에서 맡는 부엽토의 향긋한 냄새가 나면서 연갈색을 띠며 가볍고 부슬부슬해진다. 나쁜 냄새가 나고 색이 검게 변하였다면 부패한 것이다. 퇴비를 완숙시키는 데는 온도, 수분, 산소, 양분 이렇게 4가지 요건이 적절히 필요하다.

비료 요구량이 많은 작물인 양파, 마늘, 배추 등을 심기 전에 완숙된 퇴비를 땅이 보이지 않을 정도로 충분히 뿌린다.

퇴비가 발효를 시작하면 내부 **온도**가 서서히 올라가는데 최대 섭씨 70℃까지 오른다. 봄과 여름에는 퇴적 높이를 약 2m 정도 높이로 쌓아 놓으면 미생물의 활동에 의해 저절로 온도가 올라간다. 겨울철에는 차가워서 미생물이 활동을 시작하지 않기 때문에 처음에는 내부 온도가 올라갈 수 있도록 퇴비 더미 가운데 뜨거운 물을 부어 주거나 퇴비 더미를 덮어 발효가 시작될 수 있도록 부추겨야 한다.

수분은 퇴비가 되는 과정에 온도보다 중요한 영향을 미친다. 미생물에 의한 분해가 시작되면 온도는 저절로 올라가지만 수분은 사람이 조절해야 한다. 수분이 부족하면 온도가 빨리 오르면서 마치 불에 타고 난 재처럼 하얗게 되어 좋은 퇴비가 될 수 없다. 이때는 물을 뿌려서 수분 함량을 높여 주어야 한다. 수분이 지나쳐서 80% 이상이 되면 부패되기 쉬우므로 이때는 퇴비 재료를 펼쳐서 말리거나 별도로 수분을 조절해 줄 만한 마른 재료를 넣어서 수분 상태를 70% 정도가 되도록 해야 한다. 수분 상태를 측정하기 위해 측정기를 사용할 것까지는 없다. 재료를 손으로 꽉 쥐었다 놓아 보면 안다. 재료를 쥐었다가 놓았을 때 형태가 흐트러지지 않고 유지되면 70% 정도라고 보면 된다. 손으로 꽉 쥐었을 때 물기가 손가락 사이로 삐져나올 정도라면 수분이 80% 이상인 것이고, 쥐었다 놓았을 때 형태가 흐트러진다면 수분이 50% 아래로 떨어진 것이다. 알맞은 수분을 유지하는 것은 좋은 발효를 위해서 아주 중요한 사항이다.

호기성 미생물이 살기 위해서는 **산소**가 필수 요건이다. 퇴비 더미 속에서 미생물들은 퇴비 내부에 있는 산소를 소모하면서 발효하기 때문에 점차 산소가 희박해진다. 그때 뒤집기를 해 주면 퇴비 더미 내부에 필요한 산소를 충분히 공급할 수 있다. 퇴적해 두기만 해도 내부로 1.2m 정도까지는 필요한 산소가 어느 정도 공급이 되는데 중심부까지는 산소가 도달하지 못하기 때문에 가끔 뒤집어 주는 것이다. 퇴비를 급히 만들어 써야 할 상황이라면 뒤집기를 자주 반복해 주면 된다. 서서히 발효시킬 요량이면 한 달에 두어 번 정도만 뒤집기를 해 주어도 충분하다. 우리 농장에서는 퇴비를 속성으로 발효시킬 필요가 없으므로 한 달에 한두 번 뒤집어 준다.

가축 분뇨의 경우 미생물의 먹이기 되는 **양분**이 충분히 들어 있지만 톱밥이나 왕겨 같은 식물성 재료는 양분이 부족하다. 톱밥은 유기물이 많이 들어 있는 재료로 잘 발효시켜서 사용하면 아주 좋은 퇴비가 된다.

우리 농장에서 퇴비의 주재료는 소의 분뇨이다. 농장에서 키우는 소

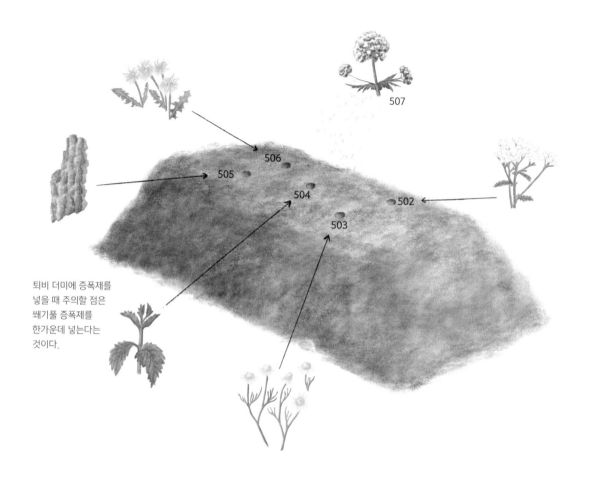

507

506

505

504

502

503

퇴비 더미에 증폭제를
넣을 때 주의할 점은
쐐기풀 증폭제를
한가운데 넣는다는
것이다.

는 30마리 정도 되고 유산양은 20마리, 닭은 50마리 정도이다. 닭과 염소의 분뇨도 나오는 대로 섞어 퇴비를 만드는데 소의 분뇨보다는 적은 양이다. 분뇨는 우사에서 압도적으로 많이 나온다. 우사 바닥에 왕겨를 두텁게 깔아 놓으면 소들이 그 위를 다니면서 똥과 오줌을 배설한다. 바닥이 축축해지고 악취가 발생할 즈음에 분뇨와 왕겨를 걷어 낸다. 우사 바닥을 한번 걷은 양은 약 10톤 정도가 되는데 1년에 4~5차례 청소를 하므로 약 50톤 정도의 퇴비 재료가 확보된다. 1년간 모아서 한꺼번에 발효시키는 것이 아니라 한 번 청소할 때마다 퇴비로 만든다. 작물을 재배하거나 수확할 때

나오는 식물성 잔재물도 같이 혼합한다.

　우리나라에서는 소, 돼지, 닭 등의 가축 사육이 별도의 산업으로 발달하면서 경종 농업과 결합되지 않을 뿐만 아니라 귀중한 가축의 분뇨는 폐기물로 분류되어 별도로 처리되어 매우 안타깝다. 지금은 그렇지 않지만 가축 분뇨를 해양에 투기하기도 했다. 해양 투기로 인해 국제적인 문제가 야기되어 해양 투기 방지법이 생겼다. 할 수만 있다면 가축을 길러서 퇴비를 확보하고 경축 순환 농업으로 가는 것이 가장 바람직하다.

퇴비 더미 10톤에 넣는
각 증폭제 양

퇴비용 증폭제 6가지 사용하기

퇴비 더미 한가운데
쐐기풀 증폭제를 넣는다.

10톤 정도 되는 퇴비 더미에 나무 막대기를 사용하여 30cm 정도의 깊이로 구멍 5개를 뚫는다. 톱풀 증폭제, 캐모마일 증폭제, 쐐기풀 증폭제, 참나무껍질 증폭제, 민들레 증폭제를 달걀 크기만큼 넣는다. 주의할 점은 퇴비 더미 한가운데에 쐐기풀 증폭제를 넣고 다른 증폭제들은 일정한 간격으로 넣어 준다. 마지막으로 쥐오줌풀 증폭제를 물에 희석하여 퇴비 더미 위에 뿌려 주면 우리 농장의 퇴비는 완성된다.

　한 번 사용하는 증폭제의 양이 퇴비 더미의 덩치에 비해 지나치게 적어 효과를 믿기 어려울 수도 있겠지만, 집채만큼 큰 퇴비 더미라 할지라도 이같이 적은 양의 증폭제만 묻어도 충분하다. 퇴비 더미에 넣은 증폭제 기운이 퇴비에 퍼지려면 두어 달 정도는 지나야 한다. 2회 이상 뒤집기를 하는 동안 2~3회 증폭제를 반복하여 넣어 준다.

쓰고 남은 퇴비용 증폭제 보관하기

완성된 퇴비용 증폭제는 살아 있는 것이므로 세심한 관리가 필요하다. 톱풀 증폭제, 캐모마일 증폭제, 쐐기풀 증폭제, 참나무껍질 증폭제, 민들레 증폭제 등 퇴비용 증폭제는 유리병 속에 넣은 다음에 피트모스로 내부를 둘러싼 나무 상자나 땅속에 묻은 항아리에 보관하면 된다.

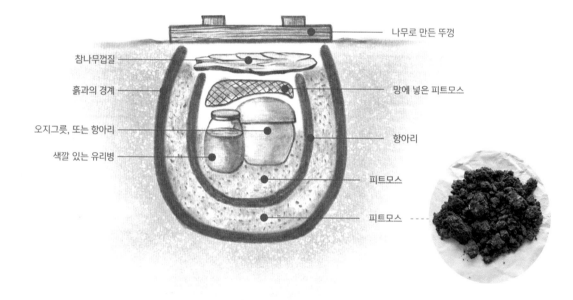

참나무껍질   나무로 만든 뚜껑

흙과의 경계   망에 넣은 피트모스

오지그릇, 또는 항아리   항아리

색깔 있는 유리병   피트모스

피트모스

종합 증폭제

종합 증폭제는 소똥에 어떤 첨가물을 넣느냐에 따라 효과가 다른 종합 증폭제를 만들 수 있다. 종합 증폭제는 퇴비의 미생물 촉진제로, 살포용 증폭제로 모두 사용할 수 있다. 일반적으로 사용되는 종합 증폭제의 종류는 다음과 같다.

- **에렌프리드 파이퍼 발효 촉진제/살포용 증폭제**
  유용한 박테리아 주입
- **마리아 툰 종합 증폭제**
  달걀 껍데기와 현무암을 혼합해 나무통에서 숙성
- **슈퍼500 종합 증폭제** (호주 농부들에 의해 개발)
  500번 증폭제(소똥 증폭제)에 퇴비용 증폭제를 주입
- **쐐기풀 종합 증폭제** (월터 골드스타인 & 허버트 쾨프 Herbert H.Koepf 개발)
  퇴비용 증폭제를 넣기 전에 잘게 썬 쐐기풀 1%를 혼합한 증폭제

종합 증폭제

종합 증폭제를 추가해 사용하면 땅이 더 빨리
비옥해질 뿐 아니라 수확량이 늘고 활기도 더 좋아진다.

종합 증폭제는 루돌프 슈타이너에 의해 만들어진 증폭제는 아니다. 슈타이너 사후 생명역동농업 1세대인 에렌프리드 파이퍼Ehrenfried Pfeiffer와 마리아 툰은 생명역동농법을 꾸준히 연구하고 있었다. 그러던 중 증폭제를 만드는 데 필요한 동물의 기관에서 스트론튬 90(St-90)이라는 인공 방사능 물질이 발견된 것이다. 당시는 원자 폭탄 개발로 인한 핵 실험이 전 세계적으로 이루어지고 있는 때였다.

스트론튬 90의 피해를 줄이기 위해 마리아 툰과 생화학자인 에렌프리드 파이퍼는 공동 작업을 시작했고, 1961년 에렌프리드 파이퍼가 일찍 세상을 떠난 다음에도 마리아 툰은 혼자 연구를 계속했다.

여러 해에 걸쳐 토양을 바꿔 가며 소똥 증폭제를 살포하면서 실험을 하던 마리아 툰은 소똥 증폭제가 토양을 정화시키고 비옥도를 높인다는 것을 확인했다. 이에 영감을 얻어 1970년대 초 종합 증폭제를 개발하게 되었다고 한다.

내가 종합 증폭제를 처음 접하게 된 것은 1994년 앞서 소개한 월터 골드스타인 박사로부터이다. 그런데 당시에는 다른 증폭제를 만들어서 사용한다는 것이 벅차기도 했고, 9가지 증폭제만으로 충분하다고 믿고 있었기 때문에 실제로 사용을 하지는 않았다. 지금 생각해 보니 종합 증폭제를 좀 더 빨리 사용할 기회가 한 번 더 있었다. 2006년 마리아 툰 여사와 파종 달력에 대한 용무로 서신 교환을 한 적이 있다. 마리아 툰 여사가 보내 준 편지에서 종합 증폭제를 만들어서 활용하면 토양의 비옥도를 빠른 시간 안에 높일 수 있으니 한국의 농부들과 함께 널리 사용하라고 하는 권고였다. 그럼에도 불구하고 만들어 사용할 엄두를 못 내고 있었다.

그러던 중 2011년에 우리나라 남양주에서 세계 유기농 대회가 열렸고 그 대회에 참석하기 위하여 독일에서 온 니콜라이 푹스Nikolai Fuchs가 종합 증폭제의 효능에 대해 이야기하는 것을 듣게 되었다. 소련은 체르노빌 원자력 발전소의 원자로 폭발 사고가 난 1986년 이후 주변 농경지에서 잔류 방사능 오염치를 매년 측정한다고 했다. 그런데 생명역동농업 농장의 토양에서 세슘(Cs) 농도가 자연의 반감기에 따른 감소치보다 훨씬 빠

소똥과 재료를 혼합해 1시간 동안 삽으로 섞은 다음 통에 담는다. 간격을 두고 구멍을 낸 다음 퇴비용 증폭제를 넣는다.

른 속도로 줄어들었다는 것을 발견하게 된 것이다. 알고 보니 그 농장에서 종합 증폭제를 만들어 해마다 사용한 것이 그런 효과를 가져왔다는 것이다. 종합 증폭제가 방사능을 제거하는 효과가 있다는 것은 놀라운 일이었다. 그 이야기를 듣고 종합 증폭제를 바라보는 나의 눈이 달라졌다. 그해는 일본 후쿠시마에서 원전 사고가 발생해 일본뿐만 아니라 전 세계적으로 방사능 오염에 대한 우려와 경각심이 높아져 있는 해였다.

몇 년 후 일본에서 농업과 관련한 NGO 활동가가

우리 농장을 방문했을 때 종합 증폭제가 방사능 수치를 감소시킨다는 이야기를 나누게 되었다. 그때 호기심이 발동하여 그 활동가가 가지고 온 방사능 측정기로 내가 만들어 놓은 종합 증폭제 상자 안에서 방사능 수치를 조사하였더니 수치가 0으로 나오고 상자 바깥에서 조사하였더니 기억에 없으나 자연에 존재하는 방사능 수치만큼 숫자로 표시가 되었다. 종합 증폭제의 효력을 더욱 신뢰하게 된 계기였다. 그 후로 종합 증폭제를 더욱더 즐겨 만들어 사용하고 있다. 2022년 봄에는 가뭄이 유난히 심하여 보리와 귀리 수확을 크게 기대하지 않고 있었는데 오히려 예년보다 수확량이 늘었나. 작년 가을에 종합 증폭제를 뿌려 준 것이 예상하지 못한 결과를 가져온 것이다.

지금은 전 세계의 많은 농부가 마리아 툰 여사가 개발한 방법으로 종합 증폭제를 만들어 사용하고 있다. 각자 자기만의 방법을 고안해 만들

종합 증폭제를 보관하는
나무 상자. 가끔 한 번씩
뚜껑을 열어 바람을 쐬어 주고,
겨울에는 내용물이
얼지 않도록 뚜껑 위에
이불을 덮어 준다.

기도 하지만 마리아 툰 여사가 제시한 방법이 바탕이 되고 있음은 주지의 사실이다. 물론 방사능 피해를 줄이기 위해서만 종합 증폭제를 사용하는 것은 아니다. 토양의 활력을 짧은 시간 안에 증진시켜 주기 때문이다. 좋은 소똥만 있다면 만드는 방법은 그다지 어렵지 않다. 사용 권한을 따로 받아야 하는 것도 아니다. 누구나 만들어 사용하면 된다.

종합 증폭제 만들기

혼합할 재료들을 넣고 삽으로 약 1시간 동안 계속 뒤집어서 골고루 섞어 준다.

나는 여러 농가와 나누어 쓰기 때문에 일륜차로 두 개 정도(80~90kg)의 소똥을 준비한다. 나머지 재료들은 같은 비율로 준비하면 된다.

아래가 트인 나무 상자를 만들어 2/3쯤 땅에 묻고 소똥 혼합물을 상자에 넣는다. 나는 증폭제를 보관할 상자의 재료를 낙엽송 나무로 하였다. 크기는 70×70×70cm³가 된다. 혼합물 위의 모서리 4곳과 중앙에 구멍을 낸다. 가운데 구멍에 쐐기풀 증폭제를, 나머지 4곳에는 퇴비용 증폭제를 넣는다. 구멍을 메우고 마지막으로 그 위에 쥐오줌풀 증폭제를 묽게 만들어(5,000배 희석, 58쪽 참조) 잘 저은 후 고루 뿌린 다음 뚜껑을 덮어 둔다.

4주 후에 한 번 뒤집어 섞어 준다. 이때는 소똥 냄새가 약간 남아 있다. 상자 안에서 뒤집어 섞기가 힘들 수 있으니 상자 밖으로 퍼내어 섞은 다음 다시 넣는다. 다시 4주가 지난 후부터 사용하면 된다. 색은 검고 향긋한 부엽토 냄새가 난다.

만드는 데 적합한 시기는 땅이 얼기 전이다. 숙성되려면 땅이 따뜻해야 하기 때문이다. 나는 봄에 한 번, 가을에 한 번 만든다.

종합 증폭제는 따로 보관할 필요 없이 상자 속에 그대로 두면 된다. 오랫동안 보관해야 하므로 빗물이 들어가지 않도록 뚜껑을 덮어 두는 것이 좋다. 습도가 지나치게 높으면 내용물이 변질되기도 하고 나무 상자가 손상되기 때문에 가끔 한 번씩 뚜껑을 열어 바람을 쐬어 주어야 한다. 겨울에는 내용물이 얼지 않도록 뚜껑 위에 이불을 덮어 준다.

논의 물꼬 한 곳에
종합 증폭제 3~4kg을 묻는다.

종합 증폭제 사용하기

토양에 살포하는 증폭제로서 소똥 증폭제와 용도가 비슷하다. 그런데 소똥 증폭제는 1시간 동안 교반하여야 하는 반면 종합 증폭제는 사용할 때 20분간만 교반하면 충분하다. 한 번 역동화한 효력은 4일간 지속되기 때문에 두고 써도 된다. 10ℓ를 모두 써서 2500m² 땅에 2번 충분히 뿌릴 수 있다.

벼농사를 짓는 논에 사용할 경우 모내기를 하고 난 후 양파 자루 같은 망사 포대에 넣어서 물꼬 밑에 묻어 두면 논으로 들어가는 물이 그 위를 통과하게 된다. 브라질에서 생명역동농업을 하고 있는 농부로부터 배운 방식인데 나는 해마다 논에다 그렇게 사용하고 있다. 사용하기에 편리하므로 벼농사를 하는 농가에 권하고 싶다.

증폭제 만들기

소똥 증폭제
500

재료 준비	암소의 뿔과 신선한 똥
만드는 때	9월 말~10월 중순
캐내는 때	이듬해 4월 말~5월 초
사용 방법	역동화 1시간 후에 토양과 작물에 살포(38, 39쪽 참조)
	3,300m² 기준, 물 50ℓ에 소똥 증폭제 150g(소똥 1개 분량)
보관	항아리를 서늘한 그늘 아래 묻고 피트모스를 채운 후
	유리병이나 오지그릇에 담아 보관(112쪽 참조)

1

사용할 소똥은
소가 섬유질이
많은 조사료를
충분히 먹어
모양이 단단하고
신선해야 한다.

2

소똥을 소뿔에
채워 넣을 때는
빈틈이 없도록
꼭꼭 채운다.
손가락으로 밀어
넣은 다음 뿔의
뾰족한 끝을
단단한 바닥에
대고 탁탁 치면
소똥이 뿔의
뾰족한 부분까지
내려간다.

3

땅속에 묻을 준비를 한다. 습하지
않고 지나치게 건조하지도 않은
물 빠짐이 좋은 곳을 고른다.
준비한 소뿔의 양에 따라
50cm 정도 깊이로 구덩이를 판다.
척박한 땅이라면 구덩이에 완숙된
퇴비나 피트모스를 뿌리고
묻는 방법도 있다.

4

구덩이에 소뿔 입구가
아래를 향하도록 하여 가지런히
놓는다. 빗물이 스며들지 않도록
하기 위해서다.

5

흙을 덮은 다음 이듬해 봄에 캘 때
찾기 쉽도록 가운데 막대기를
꽂아 표시를 해 둔다.

6

9월 말에서 10월 중순 사이에 묻은
소똥 증폭제는 다음해 4월 말에서
5월 초 사이에 캐내는 것이 좋다.

7-1

7-2

7

소똥을 뿔에서 꺼내 냄새와
색깔 등으로 상태를 확인한다.
땅속에서 수분이 조금씩 감소한
소똥은 가볍게 톡 치기만 해도
쉽게 빠진다.

8

8

보관할 때는 피트모스로 내부를 감싼
항아리에 넣은 다음 나무 뚜껑을
덮어 둔다. 가끔 증폭제의 상태를
확인해 증폭제가 너무 말라 있으면
물을 뿌려 주고 지나치게
습한 상태라면 뚜껑을 열어 두어
수분이 날아가게 해 준다.

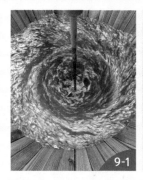
9-1

9-2

9-3

9-4

9

미지근한 물 50ℓ에 소똥 증폭제
150g을 섞어 1시간 동안 역동화를
시켜 사용한다. 넓은 곳에 뿌릴 때는
동력기를 사용한다.

캐낸 증폭제

9-5

수정 증폭제
501

재료 준비	수정 또는 규석, 암소 뿔
만드는 때	4월
캐내는 때	9월 말~10월 초
사용 방법	역동화 1시간 후에 작물에 살포(48~51쪽 참조) 3,300m² 기준, 물 50ℓ에 가루 1/2 티스푼 사용
보관	투명한 유리병에 넣고 뚜껑을 살짝 닫는다. 햇빛이 드는 창가, 전자기파 영향이 미치지 않는 곳

1

4월에 수정 또는 규석을 준비하여 커다란 조각으로 부순다.
쇠 절구에 수정 조각을 넣고 쇠 절굿공이로 빻아 가루로 만든다.

2

절구에 빻은 수정 가루는 체로 거른다. 체 위에 남아 있는 조각들은 다시 절구에 넣어 빻는다. 이 과정을 반복해 밀가루처럼 곱게 만든다.

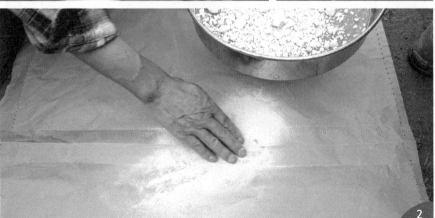

3-1

3-2

3

곱게 간 수정 가루와 물을
그릇에 넣고 주르르 흘러내릴
정도로 반죽을 한다. 물은 빗물이나
지하수를 사용한다. 소뿔 하나에
들어가는 수정 가루는
50~80g 정도다.

4

소뿔에 수정 가루 반죽을 넣는다.
뿔을 흙에 세워 두고 하면
뿔 가장자리까지 완전히 채울 수
있다. 하루가 지나면 수정 가루는
가라앉고 윗부분에 물이 약간
고인다. 이 물을 따라 내고 전날
남겨 놓은 수정 가루 반죽을
다시 가득 채운다.

4

5-1

5-2

6-1

5

거꾸로 들어도 반죽이 떨어지지
않을 정도로 말라서 단단해지면
뿔 입구를 젖은 진흙으로
발라서 메운다.

6

물 빠짐이 좋은 땅에 40~50cm
깊이로 구덩이를 파서 빗물이
들어가지 않도록 뿔 입구를 아래로
하여 묻은 다음 흙으로 덮는다.

6-2

7

9월 말에서 10월 초 소똥 증폭제를
묻을 무렵 땅에서 꺼낸다.
소뿔의 표면에 달라붙어 있는
흙은 제거한다.

8

소뿔에서 수정 증폭제를 빼낸다.
툭툭 쳐서 빼내면 되는데
잘 빠지지 않을 때는
철사로 긁어내면 된다.

7

8-1

8-2

9

9

소뿔에서 꺼낸 수정 증폭제는
투명한 유리에 넣어 뚜껑을
살짝 얹어 놓는 정도로 닫고
햇볕이 드는 곳에 둔다.
이 상태로 2년간 보관하며
사용할 수 있다.

10

미지근한 물 50ℓ에
수정 증폭제 1/2 티스푼을 타서
1시간 동안 역동화를 시켜 사용한다.

10-1

10-2

캐낸 증폭제

쥐오줌풀 증폭제
507

재료 준비	쥐오줌풀 꽃
채집 적기	4~6월 꽃이 활짝 피기 전 '꽃의 날' 오전
만드는 때	채집 직후
사용 방법 1	역동화 20분 후에 살포 3,300㎡ 기준, 물 50ℓ에 즙액 2~3 티스푼 사용
사용 방법 2	퇴비, 종합 증폭제를 만들 때 5분 희석 후 살포 퇴비 10톤 기준, 물 10ℓ에 즙액 2㎖ 사용
보관	색깔 있는 유리병에 담아 땅속에 묻은 항아리에 보관(112쪽 참조)

1

4~6월에 꽃대가 올라오고 나서 꽃이 활짝 피기 전에 '꽃의 날'을 골라 오전에 꽃봉오리를 딴다.

2

꽃은 바로 즙을 내서 되도록이면 색깔 있는 유리병에 담아 서늘하고 어두운 곳에서 발효시킨다.

3-1

3-2

4

3

2개월이 지나 병에 뜬 부유물을
걸러 내고 사용한다. 남은 즙액은
병에 담아 서늘하고 어두운 곳에
보관한다.

4

처음에 푸른색이었던 즙액은
2개월 정도 지나면 갈색으로 변한다.
향긋한 사과 향이 난다.

5

미지근한 물 50ℓ에 즙액
2~3티스푼을 넣고 뿌리기 전
20분 동안 역동화를 시켜 사용한다.
(수정 증폭제와 함께 사용할 경우는
58쪽 참조)

6

퇴비나 종합 증폭제를 만들 때는
다른 증폭제를 모두 넣고
구멍을 메운 다음 그 위에 뿌린다.
미지근한 물 10ℓ에 즙액 2㎖
(2~3방울)를 넣고 5분간 희석하여
사용한다.

5

6

캐낸 증폭제

쇠뜨기 증폭제
508

재료 준비	뿌리를 제외한 쇠뜨기 전체
채집 적기	5월 말~6월, 쇠뜨기 끝이 노랗게 변할 때
만드는 때	사용 직전(희석액 3일 내에 사용)
사용 방법	역동화 20분 후에 살포 달인 액으로 40~50배 희석, 희석액 10ℓ로 100m² 사용
보관	사용할 때마다 만들어 사용

1
5월 말경에
쇠뜨기의 끝이
누렇게 변하기
시작할 때
밑동까지 베어
채취한다.

2
채취한 쇠뜨기는
필요할 때 쓸 수
있도록 그늘에서
말린다.

1-1

1-2

2

3-1

3-2

4

3

마른 쇠뜨기 120g을
찬물 5ℓ에 넣어 끓인다.

4

끓기 시작하면 불을 줄여 40분간
80~90℃ 사이를 유지하며
약한 불에 달인다.

5

달인 액 1~1.5ℓ를 물 40~50ℓ에
희석한다. 희석액 10ℓ로
100m²에 뿌릴 수 있다.
분무기에 넣어 골고루 뿌려 준다.

달인 증폭제

톱풀 증폭제
502

재료 준비	톱풀 꽃, 수사슴 방광
채집 적기	6월 중순 '열매의 날' 오전
만드는 때	4~6월 중 채집한 다음 1~2일 후
캐내는 때	이듬해 4월
사용 방법	퇴비, 종합 증폭제를 만들 때 넣기 퇴비 10톤 기준, 달걀 한 알 크기
보관	항아리를 서늘한 그늘 아래 묻고 피트모스를 채운 후 유리병이나 오지그릇에 담아 보관(112쪽 참조)

1

톱풀 꽃은 6월 중순경 '열매의 날' 오전에 따서 모으는 것이 좋다. 꽃은 1~2일 시들게 하거나, 완전히 건조해 사용해도 된다.

2

말린 수사슴 방광은 미리 빗물이나 따뜻한 톱풀 차에 담가 두어 부드럽게 된 후에 사용한다.

145

3

수사슴 방광 입구를 손가락 2개 정도
크기로 구멍이 생기게 잘라 낸다.
그 구멍으로 톱풀 꽃을
밀어 넣어 채운다.

4

속을 다 채웠으면 단단한 끈으로
그물망처럼 엮어서 3~4개월간
햇볕이 잘 드는 처마 밑에
매달아 둔다.

5

10월 중순이 되면 처마 밑에
걸어 둔 방광을 내려 비옥한 땅속에
묻는다. 구덩이는 산짐승이 파헤치지
못하도록 조금 깊이 만든다.
찾기 쉽게 막대기를 꽂아
위치를 표시한다.

6

이듬해 4월 중순경에
땅속에 묻어 놓은 톱풀 증폭제를
조심스럽게 파낸다.

7

퇴비와 종합 증폭제를 만들 때
구멍을 내고 분량의 증폭제를
넣은 후 흙을 덮는다.

캐낸 증폭제

캐모마일 증폭제
503

재료 준비	캐모마일 꽃, 암소의 소장
채집 적기	5월 말~6월 중순 '꽃의 날' 오전
만드는 때	10월
캐내는 때	이듬해 4월
사용 방법	퇴비, 종합 증폭제를 만들 때 넣기 퇴비 10톤 기준, 달걀 한 알 크기
보관	톱풀 증폭제와 동일하게 보관

1

5월 말부터 장마
전까지 활짝 핀
꽃을 따서 모은다.
가능하면 '꽃의
날' 햇빛이 있는
아침에 꽃대 없이
꽃만 딴다. 수확한
꽃은 바람이 잘
통하는 응달에서
말린다.

2

암소의 소장은
자기 농장에서
얻거나 시장에서
기름이 많지 않은
것을 구입해서
깨끗이 씻어
잘라서 사용한다.

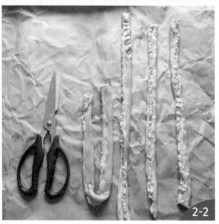

3

말려 둔 캐모마일 꽃을
미지근한 물에 적셔 소의 소장에
넣기 좋은 상태로 만든다.

4

페트병 입구를 잘라서 깔때기를
만들어 소장 입구에 대고 막대기나
손으로 밀어 넣는다. 나중에 캐낼 때
납작해져 있지 않도록 꽉꽉 채운 후
끝을 실로 단단히 묶는다.

5

톱풀 증폭제와 마찬가지로 산짐승이
파헤치지 못하도록 조금 깊이
구덩이를 만들어 묻은 다음 찾기
쉽게 막대기를 꽂아 둔다.

6

이듬해 4월 중순경에 캐모마일 증폭제를 조심스럽게 파낸다. 달라붙어 있는 흙을 떼어 내고 그늘에서 말린 후 사용하거나 보관한다. 그 다음 해까지 2년간 사용할 수 있다. 톱풀 증폭제와 같이 퇴비와 종합 증폭제를 만들 때 사용한다.

6-1

캐낸 증폭제

6-2

쐐기풀 증폭제
504

재료 준비	뿌리를 제외한 쐐기풀 전체
채집 적기	6월 쐐기풀 꽃이 피기 시작할 때 '꽃의 날'
만드는 때	채집한 다음 1~2일 후
캐내는 때	이듬해 4월
사용 방법	퇴비, 종합 증폭제를 만들 때 넣기 퇴비 10톤 기준, 달걀 한 알 크기
보관	톱풀 증폭제와 동일하게 보관

1

6월에 꽃이
피기 시작할 때
밑동까지 낫으로
베어 수확한다.
따갑지 않게
보호 장갑을
끼고 작업한다.

2

1~2일 햇볕 아래
시들게 놓아 둔다.

3

묻을 곳을 정하고 유약을 바르지
않은 밑이 트인 토기를 땅에 묻는다.
토기가 없을 경우 쐐기풀 자루를
구덩이에 넣고 나서 피트모스를
사방 5cm 이상 충분히 채운 다음에
그 위에 다시 흙을 덮는다.

4

시든 쐐기풀을 작두로 잘게 썬다.
땅에 묻은 토기를 쐐기풀로 채운다.
단단히 봉할 필요가 없으므로
참나무 껍질을 위에 얹는다.

5

1년 후에 쐐기풀을 꺼낸다.
검게 변한 쐐기풀을 다른
증폭제와 같이 보관한다.

케넌 증폭제

4-2

4-3

참나무껍질 증폭제
505

재료 준비	참나무 껍질, 가축 두개골
채집 적기	9월 중(추분경) '뿌리의 날'
만드는 때	10월
캐내는 때	이듬해 4월
사용 방법	퇴비, 종합 증폭제를 만들 때 넣기 퇴비 10톤 기준, 달걀 한 알 크기
보관	톱풀 증폭제와 동일하게 보관

1

매년 추분을
전후해 '뿌리의
날' 뒷산에 올라가
참나무 껍질을
벗겨 준비한다.
절구에 빻아서 빵
부스러기 정도로
부서뜨린다.

1-1

1-2

1-3

1-4

2

소의 두개골은 퇴비 더미에 넣거나
자루 속에 한 달 정도 넣어 두면
살은 없어지고 뼈만 남는다.
구더기가 슬어 살을 깨끗이
먹어 치우는 것이다.

3

참나무 껍질 조각들은 물에 적셔서
소의 두개골 속에 집어 넣는다.
두개골 입구는 진흙으로 막는다.

3-1

3-2

3-3

4

축축한 땅을 골라 두개골 크기만큼
구덩이를 판 후 두개골을 넣어 다시
흙으로 얕게 덮는다.

캐낸 증폭제

5

10월에 땅속에 묻어 가을과
겨울을 나게 한 다음 이듬해 봄
4월에 캐낸다. 두개골 속에 있는
참나무껍질을 긁어낸다.

민들레 증폭제
506

재료 준비	민들레 꽃, 소의 장막
채집 적기	4~5월 중 '꽃의 날' 오전 개화 직후 꽃 중앙이 닫혀 있을 때
만드는 때	10월
캐내는 때	이듬해 4월
사용 방법	퇴비, 종합 증폭제를 만들 때 넣기 퇴비 10톤 기준, 달걀 한 알 크기
보관	톱풀 증폭제와 동일하게 보관

1

민들레는 꽃이
피기 시작한 지
3일 이내에
꽃만 따 모은다.
꽃 가운데까지
활짝 핀 것은
말리는 동안 씨가
맺히기 때문에
사용할 수 없다.

2

소 장막은 도축한
후 곧바로
기름기가 없는
부위를 잘라 내어
햇볕에 3~4일간
말린다. 고양이나
야생 동물이
먹어버릴 수
있으니
조심해야 한다.
민들레 전체를
공 모양으로
감쌀 수 있으려면
20~35cm² 크기가
적당하다. 말린
장막을 사용할
때는 따뜻한
물이나 민들레
찻물에 담가
부드럽게 만든다.

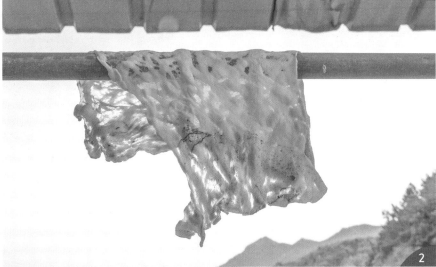

3

말린 민들레 꽃은 미지근한 물에
담가 부드럽게 만든다.

4

장막에 5~6움큼 정도 민들레 꽃을
꼭꼭 누르며 채워서 지름 15cm
정도의 공 모양으로 만든 다음
전체를 실로 돌려가며 묶는다.

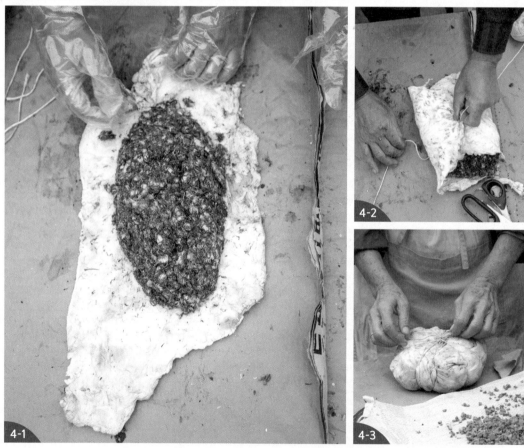

5

30~40cm 깊이로 구덩이를 파고
흙으로 덮어 묻는다.

6

땅속에 묻어 두었던 민들레 증폭제는
이듬해 4월 중순경에 조심스럽게
파낸다. 장막을 가위로 자르고
속에 있는 민들레를 꺼낸다.

캐낸 증폭제

종합 증폭제

재료 준비	신선한 소똥, 현무암 가루, 달걀(유정란) 껍데기 502~507 증폭제 6가지
만드는 때	봄, 가을
사용할 때	4주 후 뒤집은 다음 4주 후에 사용
사용 방법	역동화 20분 후에 토양과 작물에 살포 또는 논에 사용(121쪽 참조) 2,500m² 기준, 종합 증폭제 60g, 물 10ℓ에 2회 사용
보관	땅속에 묻은 뚜껑 있는 나무 상자

1

봄에 한 번,
가을에 한 번
만든다.
서리가 없는
시기여야 한다.
신선한
암소 똥 20kg,
현무암 가루 1~2kg,
달걀(유정란)
껍데기 800g의
비율로 혼합한다.

2

1시간 동안 계속
뒤집어 가며 골고루
섞어 혼합물을
만든다.

3

아래가 트인 70×70×70cm³ 나무
상자를 만들어 2/3쯤 땅에 묻고
소똥 혼합물을 넣는다.

4

혼합물의 모서리 4곳과 중앙에 구멍을
낸다. 가운데 구멍에 쐐기풀 증폭제를,
나머지 4곳에는 톱풀, 캐모마일,
참나무껍질, 민들레 증폭제를 넣는다.
구멍을 메우고 마지막으로 그 위에
쥐오줌풀 증폭제를 5분간 희석한 후
묽게 만들어 고루 뿌린다.

5-1

5

4주 후에 다시 한 번 뒤집어 섞어 준다. 이때 상자 밖으로 퍼내서 섞으면 더 편하다. 다시 4주가 지난 후부터 사용하면 된다.

6

사용하기 전에 물 10ℓ에 종합 증폭제 60g을 타서 20분 동안 역동화한다. 역동화한 용액의 효력은 4일간 지속된다.

5-2

6-1

6-2

파종 달력과 양봉

파종 달력

생명역동농법을 실천한다는 것은 생명역동농법 증폭제를 사용하는 것이 중심이다. 증폭제의 사용과 더불어 중요한 또 하나의 요소가 농사지을 때 파종 달력을 적용하는가이다. 파종 달력은 생명역동농업에 있어 그만큼 중요한 위치에 있다.

생명역동농법의 근간이 되는 『자연과 사람을 되살리는 길』에서 루돌프 슈타이너는 이렇게 밝힌 바 있다. "식물의 생장에는 우주 전체가 깊은 관계를 갖고 있다." 마리아 툰은 이 견해를 밑바탕 삼아 50년 넘게 열정적인 실험을 했고 이를 통해 우주 전체가 작물의 생장과 실제로 깊은 관계를 가지고 있다는 것을 증명해 왔다. 그리고 그 성과를 다른 농부들이 농사에 활용할 수 있도록 매년 '마리아 툰의 파종 달력(이하 파종 달력)'을 발행하고 있다. 현재 전 세계 많은 나라에서 마리아 툰의 연구에 바탕을 두고 파종 달력을 만들고 있다.

파종 달력에는 우주에서 일어나는 현상을 과학적으로 예측해 언제 어떻게 농사를 지으면 작물에 좋은 영향을 줄 수 있는지 자세하게 설명되어 있다. 옛날에는 우주 현상 중에서도 농사에 가장 큰 영향을 주는 태양에 의한 계절의 변화는 물론 달과 행성과 식물들 사이의 관계도 잘 알려져 있었다. 그러나 현대 과학은 예를 들어 식물의 광합성의 원천을 태양에서만 구하고 있다. 현재 우리는 지구가 태양계 전체와 함께 생겨난 것을 알고 있다. 그러므로 태양의 혜택이라고 생각하는 것을 '태양계 전체의 혜택'으로 사고를 전환하는 것이 자연스러울 수 있다. 나아가 태양계 전체가 우주의 총체와 관련되어 있다고 생각하는 것도 가능해질 것이다. 이러한 사고가 파종 달력의 이론과 실천의 기본이 된다.

한마디로 파종 달력은 어느 날에 어떤 종류의 작물을 심거나 가꾸고 거둬야 수확량도 늘고 질이 좋은 농산물을 얻을 수 있는가를 알려 주는 농사 달력이다. 생명역동농법을 실천하고 있는 세계의 모든 농부는 파종 달력을 통해서 그해와 그달, 그날에 보이는 별자리의 움직임에 따른 농사 방법을 적용해 농사를 짓고 있다.

작년에 한 농부가 나에게 고맙다는 전화를 했다. 파종 달력에 나오는 '이달의 기상관찰'의 도움을 받았다는 것이다. 자기가 사는 경기도 남쪽에서는 단호박을 많이 재배하는데 그 지역에 다른 농부들은 늘 하던 대로 밭을 만들어 호박을 재배했으나, 자기는 장마철인 6월 하순과 7월 초순에 비가 유독 많이 올 것이라고 적혀 있는 파종 달력을 참고해 두둑을 다른 해보다 높게 만들었다고 한다. 다른 사람들은 빗물이 둑을 넘어와서 피해를 보았는데 자기는 장마 피해를 입지 않았다고 하면서 파종 달력을 만들어 주어 고맙다는 것이다.

생명역동농법을 처음 소개받은 1995년 1월에 열린 필로 드니 선생이 '파종 달력'을 설명하는 강연 중에 그해에 큰 지진이 있을 거라는 얘기를 했다. 그때 나는 '점쟁이도 아닌데 저런 말을 어떻게 할 수 있지? 저런 일을 어떻게 알 수 있지?'라고 의아해했다. 그런데 놀랍게도 그해 일본 고베에서 대지진이 일어나서 일본이 자랑하던 신칸센의 철로가 엿가락처럼 휘는 것을 보고 '파종 달력'에 대해 강한 인상을 갖게 되었다.

파종 달력의 기본 원리는 우주로부터 지구에 영향을 주는 기운을 물, 열, 흙, 빛이라는 4가지 요소로 구분해 구체적으로 지구와 농사에 어떤 영향을 미치는가를 관찰해 작성한 것이다. 이것을 농사에 적용해 작물별로 어떤 영향을 주는지 구체적으로 알려 주고 있다.

태양은 황도대(천구상에서 태양이 움직이는 경로)의 12별자리를 차례로 1년에 걸쳐 지난다. 황도대에 있는 12별자리와 행성은 각각 일정한 경향의 성질을 띠고 있다. 이 성질을 물질을 이루는 4가지 원소로 규정하자면 물, 열, 흙, 빛으로 분류할 수 있다. 작물 역시 각 작물이 특히 발달시키고 있는 결실 기관이 열매나 종자, 꽃, 잎, 뿌리 중 어느 부분인지에 따라 4종류로 분류할 수 있다. 예를 들면 딸기는 열매를, 당근은 뿌리를 특별히 발달시킨다. 열매나 종자는 '열'의 원소, 꽃은 '빛'의 원소, 잎은 '물'의 원소, 뿌리는 '흙'의 원소와 각각 관계가 깊다. 파종 달력에서는 달이 열의 원소를 띤 별자리 앞에 있을 때를 열매의 날, 빛의 원소의 별자리 앞에 있을 때를 꽃의 날, 물의 원소의 별자리 앞에 있을 때를 잎의 날, 흙의 원소의 별자리 앞에 있을 때를 뿌리의 날이라고 한다.

4가지 원소와 작물의 결실 기관, 12별자리, 행성의 관계를 정리하면 다음과 같다.

	원소	결실 기관	황도대 별자리	행성
1	열	열매(종자)	양자리, 사자자리(종자), 사수자리	수성, 토성, 명왕성
2	빛	꽃	쌍둥이자리, 천칭자리, 물병자리	금성, 목성, 천왕성
3	물	잎	물고기자리, 게자리, 전갈자리	달, 화성, 해왕성
4	흙	뿌리	황소자리, 처녀자리, 염소자리	태양, 지구, *링갈

* 링갈 : 마리아 툰이 예측하는 새로운 행성

**필로 드니의
파종 달력
행성 운행도**

행성들의 움직임을 통해 우주 현상을 읽을 수 있게 되면 그해 기후 상태의 특징을 대략 알 수 있다. 지구에서 일어나는 기후의 특징은 모든 행성의 순행/역행이나 충, 삼각위, 합 등이 어느 원소의 별자리에서 얼마만큼의 빈도로 일어나는가에 크게 의존하기 때문이다.

※ '행성 운행도'에서는 점성학과 달리 12별자리의 실제 간격을 표시하고 있다.

ⓒ 풋고어빼경문사ほっこり文舎

2023년 생명역동농업 파종 달력
Biodynamic Calendar

행성기호

- ♁ 지구
- ☾ 달
- ☉ 태양
- ☿ 수성
- ♀ 금성
- ♂ 화성
- ♃ 목성
- ♄ 토성
- ♅ 천왕성
- ♆ 해왕성
- ♇ 명왕성

별자리

- ♓ 물고기자리
- ♈ 양자리
- ♉ 황소자리
- ♊ 쌍둥이자리
- ♋ 게자리
- ♌ 사자자리
- ♍ 처녀자리
- ♎ 천칭자리
- ♏ 전갈자리
- ♐ 사수자리
- ♑ 염소자리
- ♒ 물병자리

벽걸이형 파종 달력 활용

재배하고자 하는 작물을 엽채류, 과채류, 근채류, 화채류의 4종류로 분류하여
해당 작물 종류의 표시가 있는 시간대에 밭갈기, 이랑 만들기, 모상 준비, 씨 뿌리기,
괭이질, 북 주기 등의 작업이나 손질, 수확 등 농작업을 하도록 한다. 날씨나 흙 상태 등
형편에 따라 좋은 날을 선택하지 못한 경우에도 이후 그 작물에 적합한 시간대에 손질해
주면 많이 개선된다.[17] (204쪽 '우리나라 주요작물 36가지의 재배시기' 참조)

보는 법

❶ 황도대에서 달이
지나고 있는 별자리

❶-1 달이 16시를 기점으로
천칭자리로 이동

❷ 전날 23시부터
16일 3시까지 휴경

휴경
행성의 교점, 식과 엄폐, 달이
근지점에 있을 때는 작물에
좋지 않은 영향을 미친다.
이 시간대를 '휴경'으로
표시한다. 농작업을
피하는 것이 좋다.

❸ 16시를 기점으로 달이
천칭자리로 이동하면
빛의 원소의 영향을
받는 꽃의 날이
시작된다. 꽃으로 표시

❹ 8시~14시까지 열의
삼각위. 열매로 표시

삼각위
지구를 중심으로 두 개의
행성이 120°를 이룰 때
두 행성은 같은 성향을
띠게 된다. 식물의 특징적
성장에 많은 영향을 준다.

기상관찰
우주에서
별자리와
행성들이 갖는
차갑거나 따뜻한
성질의 조화가
지구의 기후에
영향을 미치게
되는 것을
말한다.

정식적기
천구상에서 달이
하강 운동을
하는 기간으로,
식물 안에서
수액 상승이
약해져 식물의
힘이 아래쪽으로
향한다. 이
시기에 모종을
옮겨 심으면
뿌리를 잘 내리고
새로운 장소에
빨리 적응한다.

생명역동농업이 시행되는
나라에서는 어디에서나
사용하는 마리아 툰의 파종 달력
(왼쪽부터 독일, 영국, 프랑스)

농사 외에도 그 적용 범위를 확장하면 대기 중에서 일어나는 기상 변화를 비롯해 지진이나 화산, 뇌우, 강풍 등은 물론 '교통사고 많은 날'까지 예고할 수 있다고 한다.

지진이나 화산 폭발은 천왕성이나 해왕성이 지구와 함께 태양 주위를 자전과 공전을 하면서 생기는 위치 변화에 따른 특별한 각도에 의해서 발생한다는 설명에 납득이 갔지만 교통사고가 많이 나는 날은 어떻게 특정할 수 있을까 궁금했다.

답은 간단했다. 식물의 성장에 우주적 요소가 영향을 미친다면 사람의 컨디션이나 집중력에도 영향을 줄 수 있지 않을까! 이것은 개인적인 바이오리듬과는 다르다. 우주로부터 지구에 전달되는 영향력 때문에 모든 사람에게 똑같은 파장이 미친다는 것이다. 집중력이 저하되는 날 장거리 운행을 하게 되면 교통사고가 증가하는 것은 당연하다 할 것이다.

우리나라에 파종 달력이 소개된 지도 벌써 25년이 지났다. 처음에는 필로 드니 선생이 일본에서 제작한 것을 번역하여 사용하였다. 한국과 일본은 시차를 조정할 필요가 없이 그냥 사용하면 되기 때문에 편리하였다. 그런데 일본에서는 3월에 시작하여 이듬해 3월까지를 1년 단위로 파종 달력을 만든다. 그 달력을 받아 번역하고 인쇄하다 보면 4월이 되어서야 달력이 나온다. 우리나라는 대체로 2월부터 파종이 시작되는데 시기적으로 늦어서 불편했다. 1월에서 12월까지를 기본으로 하는 파종 달력을 만들었으면 하던 차에 필로 드니가 참조하는 '마리아 툰의 파종 달력'을 알게 되었다. 독일에서 마리아 툰이 만드는 파종 달력은 1월부터 시작하고 있었다. 그러나 시차가 맞지 않아 시차를 조정하는 작업을 따로 해야 하는 번거로움이 있기는 했다.

마리아 툰 여사에게 판권 승낙을 받고 2009년에 새로운 파종 달력을 만들었다. 처음에는 번역하고 8시간 나는 시차를 조정하여 책자 형태로 발행했다. 그러다 사람들이 쉽고 편하게 볼 수 있도록 벽걸이 달력으로 바꿨다. 벽걸이형 달력에는 파종 달력에 대한 자세한 설명과 예시글을 전부 다 넣지 못하여 아쉽기는 하지만 파종하기에 적절한 날을 찾아보고 실제로 농사에 도움이 되는 것이 더 중요하다고 생각했다.

벽걸이형 파종 달력으로 바꾼 지는 6년이 되었다. 정보를 많이 싣지 못하는 점을 어떻게 보완할 것인지는 고민이 되는 지점이다. 마리아 툰 여사가 세상을 떠난 후 생전에 함께 만들던 아들 마티아스 툰이 발행을 이어갔으나 이제는 그마저 세상을 떠났다. 지금은 마티아스 툰의 자녀들과 그동안 파종 달력을 만드는 데 함께한 연구자들이 달력을 계속해서 만들고 있다.

양
봉

꿀벌 관리에 대해 이해를 하면 별자리와 작물과의 관계를 이해하는 데도 도움이 된다. 마리아 툰 여사는 꿀벌과 별자리의 관계에 대해서도 꾸준히 연구해 그 결과물을 파종 달력에 자주 실었다. 나도 마리아 툰 여사에게서 꿀벌 관리에 대하여 많이 배웠고 이후 별자리와 식물과의 관계를 더 잘 이해하게 되었다.

꿀벌 무리(봉군)는 벌집이라는 폐쇄된 공간에서 생활하고 있다. 벌들은 스스로를 보호하기 위해 프로폴리스로 내부의 틈새를 막아 바깥 환경과 완전히 차단된 공간을 만드는 것이다. 양봉가가 꿀벌의 무리에 우주적 기운을 전달하려면 작물의 경우에서와 같은 상황을 꿀벌에게도 만들어 주면 된다.

별자리의 작용은 봉군에도 일정한 영향을 미친다. 농부가 땅을 경작할 때 쟁기질을 통해 우주의 기운을 토양 속으로 불어넣듯이 양봉가도 명확한 목적을 가지고 봉군에 별자리의 영향을 중개할 수 있다는 말이다. 예를 들어 벌집 뚜껑을 열어 우주의 기운이 꿀벌에게 도달하도록 돕는 식이다. 봉군이 튼튼한 벌집을 만들 수 있도록 돕고 싶다면 뿌리의 날에, 여왕벌의 수정을 도와주기 위해 봉군의 분봉을 돕는 손질을 해야 한다면 꽃의 날에, 꿀을 잘 모을 수 있도록 돕기 위해서는 **열매의 날**에 벌집 뚜껑을 열어

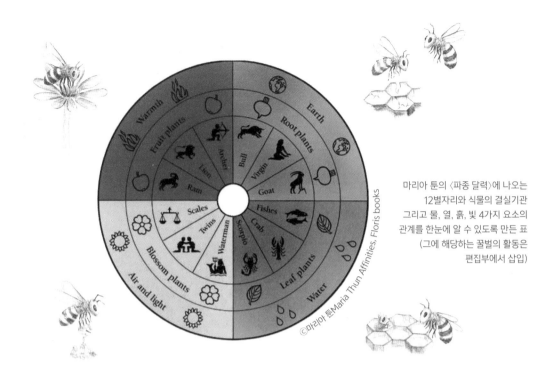

마리아 툰의 〈파종 달력〉에 나오는
12별자리와 식물의 결실기관
그리고 물, 열, 흙, 빛 4가지 요소의
관계를 한눈에 알 수 있도록 만든 표
(그에 해당하는 꿀벌의 활동은
편집부에서 삽입)

ⓒ마리아 툰Maria Thun Affinities, Floris books

준다. 그러면 그 기운은 다음 작업 때까지 계속하여 작용한다.

잎의 날에는 벌집을 꺼내거나 꿀을 분리하지 않는 게 좋다. 특히 휴경일에는 절대 뚜껑을 열지 않도록 한다. 만일 부득이하게 그날 관리할 수밖에 없다면 그다음 돌아오는 적절한 날에 목적에 맞는 관리를 하면 된다.

자기가 살고 있는 지역의 밀원 식물을 파악하고 그 꽃들이 피는 시기를 알아두면 벌들을 관리하는 데 도움이 된다. 꿀이 나는 시기와 함께 화분이 들어오는 때도 알아두면 화분 채취에 도움이 된다.

맛있는 화분으로는 뭐니 뭐니 해도 다래 화분이 제일이다. 다래 하분은 내가 살고 있는 포천의 경우 뻐꾸기가 울고 열흘 정도 지난 5월 하순경에 들어오기 시작한다. 다래 화분은 색깔이 희어서 들어오기 시작하면 금세 눈에 띈다. 그에 앞서 4월 초, 중순경에는 참나무 화분이 많이 나는데

농부가 땅을 경작할 때 쟁기질을 통해 우주의 기운을 토양 속으로 불어넣듯이 양봉가도 명확한 목적을 가지고 봉군에 별자리의 영향을 중개할 수 있다. 예를 들어 벌집 뚜껑을 열어 우주의 기운이 꿀벌에게 도달하도록 돕는 식이다.

2022년에는 봄의 저온 현상과 오랜 가뭄으로 꽃가루가 들어오지 않았다.

우리 지역의 주요 밀원은 아까시이다. 그다음이 밤나무이며 세 번째는 헛개나무이다. 그중에서도 헛개나무 꿀은 맛과 향이 가장 뛰어나다. 그 외에도 옻나무 등 조금씩 흩어져 있는 온갖 잡화 식물에서 얻는 꿀도 그들의 식량이 되기에 충분하며 무리의 증식을 돕는다. 나도 덕분에 그 꿀들을 얻는다. 가을이 되면 들깨, 메밀 등 초본 식물에서도 꿀이 들어와서 벌들이 월동하는 동안 양식이 된다.

가을에 월동 먹이를 줄 때가 되면 증폭제를 만들기 위해 준비한 쐐기풀과 캐모마일 꽃 말려둔 것을 물에 넣어 끓인 액체에 설탕을 녹여 벌들에게 준다. 이 방법은 마리아 툰 여사가 가르쳐 준 것이다. 마리아 툰 여사는 농장에서 4~5통의 벌을 기르면서 벌들과 환경과의 관계를 면밀히 관찰하여 양봉가들에게 도움을 주는 연구를 꾸준히 하였다.

꿀벌의 먹이에 첨가하는 식물 달인 액

월동용 먹이를 줄 때 증폭제 식물 달인 액을 먹이에 첨가하면 좋다. 이것은 오랜 기간 실험을 통하여 꿀벌 무리의 건강에 유효하다는 것이 확인되었다.

톱풀, 캐모마일, 민들레, 쥐오줌풀의 말린 꽃을 끓는 물에 넣고 불을 끈 다음 뚜껑을 덮어서 15분간 두었다가 걸러서 먹이에 섞어 주면 된다.

쐐기풀, 쇠뜨기, 참나무 껍질은 냉수에 넣어서 끓이다가 끓기 시작하면 불을 줄이고 10분이 경과한 후에 불을 끄고 걸러 내어 벌의 사료액에 첨가한다. 첨가하는 양은 사료액 100ℓ에 각각 3g씩이면 충분하다. 이보다 더 넣어도 상관없다. 이것은 월동 먹이뿐 아니라 장마철이나 꿀이 잘 나지 않아 먹이를 보충해 줄 경우에도 유효하다.

요즘 들어 꿀벌들이 알 수 없는 원인으로 사라져간다는 얘기를 심심치 않게 듣는다. 그동안은 외국 사례로만 알고 있었는데 이제는 우리나라에서도 자주 듣게 된다.

우리 농장에서 멀지 않은 곳에 전문 양봉가 한 사람이 있다. 양봉에 관심이 많은 나는 이 사람과 가깝게 지내며 그곳을 오가면서 양봉에 관하여 물어보기도 하고 실제적인 도움을 받기도 한다. 그는 300통이 넘는 벌을 기른다. 전라남도 해남에서 월동을 하고 꽃 피는 장소를 따라 남쪽에서 북쪽으로 이동하면서 꿀을 채취한다. 여느 때와 다름없이 지난 겨울에 벌이 월동에 들어갔는데 봄이 되어 벌통을 열어 보니 벌이 수북이 죽어 있어 다른 곳에서 벌을 많이 구입할 수밖에 없었다고 한다.

이제는 위기가 몸 가까이 다가온 느낌이다. 벌의 위기에 대해서 말할 때 사람들은 흔히 아인슈타인이 했다는 말을 떠올린다.

"벌이 사라지면 인류는 4년 안에 망할 것이다." 정확하게는 다음과 같이 표현했다. "꿀벌이 이 지구에서 사라진다면, 사람은 단지 4년밖에 살지 못할 것이다. 꿀벌이 존재하지 않는다면 수분이 불가능해지고 그러면

식물은 물론 동물도 더 이상 살아남지 못한다. 결국 사람도 살아남지 못할 것이다." 이 말을 정말 아인슈타인이 했는지는 알 수 없지만 이름을 들으면 누구나 알 수 있는 유명한 과학자의 말이라고 전해지면서 더욱 경각심을 갖게 된 것은 사실이다.

일설에 의하면 벌은 260여 종류가 있다고 한다. 그중에서 군집 생활을 하며 밀랍으로 집을 짓고 식물들의 수분을 도와주어 생태계를 유지시키고 사람들에게 꿀을 주는 꿀벌은 10여 종이라고 한다. 우리는 벌이라고 하면 다 군집 생활을 한다고 생각할 수 있는데 실제로는 단독으로 지내는 벌의 숫자가 훨씬 더 많다는 것을 알수 있다. 우리나라에도 단독 생활을 하는 벌의 종류가 수십 종은 될 것이다. 우리 농장 주변에서도 그런 벌들을 쉽게 볼 수 있다. 나는 벌을 기르고 있어서 양벌이나 토종벌 종류는 금방 알아볼 수 있는데 일반 벌들과는 다르게 생긴 벌들이 집 주변의 꽃들에 앉는 모습을 자주 본다. 그런 벌들은 꿀벌들이 잘 가지 않는 풀꽃을 찾아 수정을 해 주고 꿀이나 꽃가루를 얻어 가기에 나름 녀석들만의 역할이 있는 것이 아닌가 하는 생각도 든다.

스위스나 독일 등 유럽 농가에서는 단독 생활을 하는 벌들을 위해 두꺼운 나무에 구멍을 여러 개 뚫어 벌들의 서식을 돕는 설치물을 해 두는 것을 볼 수 있다. 토종벌은 산속의 바위틈에 집을 짓고 살면서 꿀을 모으는데 이 꿀은 석청이라고 하여 귀한 꿀로 여긴다. 또 다른 토종벌은 속이 빈 고목의 구멍 속에 집을 짓고 꿀을 모아 놓는다. 목청이라고 하는 이 꿀 역시 귀한 꿀이다. 우리나라 토종벌에는 이렇게 자연 속에서 사는 토종벌이 있는가 하면 인위적으로 나무로 집을 지어 기르는 토종벌도 있다. 예전에는 토종벌의 종류가 단일했다면 요즘은 새로 육종한 내병계 품종이 몇 종 있다고 한다. 나도 한때는 토종벌을 70여 통 길렀다. 그런데 2009년에 이름도 어려운 '낭충봉아부패병'으로 우리나라 토종벌의 90%가 죽었을 때 우리 벌도 다 죽고 말았다. 토종벌을 기르는 방법과 인공 분봉하는 법까지 잘 알고 있었는데 모두 필요 없어지고 말았다. 현재 우리나라에서 기르고 있는 꿀벌 대부분은 이탤리언벌Italian bee이 주종을 이루고 북방계인 카니올란벌Carniolan bee의 혼종도 일부 있다고 알려져 있다. 우리 농장에도 몇 통의 벌이 있는데 봄이면 분봉을 하여 많을 때는 열 통이 넘을 때도 있었지만 지금은 다섯 통으로 집에서 먹을 만큼만 꿀을 얻는다.

미국 캘리포니아에 있다는 어느 엄청난 규모의 아몬드 농장에서는 아몬드 꽃이 피는 철이 되면 그 일대의 양봉업자들이 그 농장 주변으로 몰려와서 아몬드의 수정을 돕고 비용을 받는다고 한다. 농장은 넓은데 꽃이 피는 시기가 짧아서 한꺼번에 많은 벌이 필요한 것이다. 그러나 이젠 벌들을 모으기가 점점 어려워지고 있다고 한다. 아몬드 외에도 많은 종류의 과수들은 벌과 곤충들의 도움이 없으면 열매를 맺을 수 없다. 사람이 벌을 기르는 주된 목적은 벌들의 존재 이유와는 달리

꿀벌이 사람에게 주는 것은 꿀만이 아니다. 꽃가루와 로열제리, 프로폴리스, 밀랍 등, 이 모두가 벌을 통하지 않으면 얻을 수 없는 귀한 물질이다. 화분을 모으는 꿀벌

꿀을 얻기 위함이다.

사실 벌들은 사람에게 꿀을 제공하기 위해서만 존재하는 것이 아니다. 그들이 모아 놓은 꿀은 자신의 생존과 대를 이어가기 위한 먹이이다. 생태계에 있어서 벌들의 주된 존재 목적은 식물의 수정을 위한 것이다. 그리하여 자연은 열매를 맺고 대를 이으며 풍성하고 아름다워진다. 벌들은 수정을 도와주고 그 대가로 꿀과 화분을 얻는다. 인간은 이 꿀과 화분을 나눠 먹는 것이다. 얼마나 고마운 일인가!

생명역동농업실천연구회

생 명 역 동 농 업 실 천 연 구 회

매년 봄과 가을에 각각 한 차례씩 우리 농장에서 〈생명역동농업실천연구회〉 모임을 열어 온 지도 벌써 17년이 되었다. 〈생명역동농업실천연구회〉는 이름 그대로 생명역동농법을 연구하고 실천하는 모임이다. 이날 우리는 그 실천의 일환으로 9가지 증폭제 중 6가지 증폭제는 가을에 만들어 땅에 묻고 이듬해 4월에 그것을 캐내어 필요한 회원들과 나눈다. 나머지 세 가지 증폭제는 봄과 여름에 만든다.

〈생명역동농업실천연구회〉의 첫 모임을 2005년 봄 4월 20일에 우리 농장에서 열었다. 지금의 농장인 포천으로 옮겨오기 전 양주 농장에서였다. 이날 단체 이름도 정했다. 생명역동농업연구회로 하는 게 좋겠다고 내가 제안했고 참가한 사람들도 동의했다. 생명역동농업연구회라는 명칭에 '실천'이라는 말을 넣은 것은 김대중 정부 때 초대 농림부 장관을 지내셨던 김성훈 교수님을 뵈었을 때 '실천'이라는 말을 넣으면 더 겸손하고 의미 있는 모임이 되겠다는 조언을 주신 때부터였다. 이 분은 캐나다에 갔을 때 유기농업을 하는 여러 농가를 방문해 보니 농부들이 철학을 갖고 농사를 짓는 곳은 거의 다 생명역동 농장이었다는 말씀도 해 주시면서 우리나라 유기농업을 한 단계 높이는 데 생명역동농업이 그 해답이 될 수 있다고 하셨다.

2022년 봄 정기 모임

　　생명역동농업을 실천하기 위해서는 반드시 증폭제를 만들어 농사에 사용해야 한다. 연구회 모임을 만든 그해 가을부터 우리 농장에 모여서 증폭제를 만들기 시작했다. 자연스레 봄, 가을로 1년에 두 차례 정기 모임을 갖게 되었다. 가을에 모여 증폭제를 만들어 땅에 묻었고 봄에 그 증폭제를 캐서 필요한 대로 나눠 가져갔다. 증폭제를 공부하고 만들기 위해 모이는 자리지만 늘 잔치 자리처럼 활기와 반가움이 넘친다. 회원들 대부분이 서로 만나 얼굴을 보고, 농사 이야기를 나누고, 새로운 것도 배워 가니 많은 힘을 얻는다고 한다. 정기 모임 역시 휴경일은 피한다.

　　이 외에 생명역동농업과 관련하여 더 알고 싶거나 궁금한 것이 있으면 함께 토론도 하고 강사를 초청해 강연을 여는 것을 비롯해 독일 본부를 통해 생명역동농업의 국제적인 상황을 전달받아 회원들과 공유하는 일을 하고 있다. 2014년에는 〈정농회〉에서 발행했던 『자연과 사람을 되살리는 길』을 재발행하기도 했으며 2009년부터 매년 '마리아 툰의 파종 달력'을 편집해 발행하고 있다.

생명역동농업실천연구회 회원 인터뷰

(인터뷰를 바탕으로 편집하였음을 밝혀 둔다)

박영희 농부, 초기부터 참여한 회원

나는 전라남도 광주에서 소 17마리와 마늘, 생강, 고추, 우리밀, 콩, 팥을 기르고 있는 농부다. 농작물은 지역 학교에 급식 재료로 공급한다.

몸에 이상이 오고 먹거리에 대한 고민이 커지면서 갖고 있던 토지에 농약을 안 쓰고 농사를 짓겠다 마음먹고 농사를 시작한 것이 1997년이다. 유기 농법이 많이 알려지지 않던 시절이었다. 유기 농법을 실천하는 〈정농회〉를 찾아갔다. 정농회 대표였던 김준권 회장님이 당시에 생명역동농법을 시작하고 있었다. 정농회에서 생명역동농법을 배우며 자연과 농사와 소의 연결을 알게 되었다. 소를 중심으로 새로운 영농 계획을 세우고 첫 모임부터 지금까지 〈생명역동농업실천연구회〉 모임에 참여하고 있다. 증폭제는 혼자서 만들기가 어려우니 같이 만들어서 쓴다. 우리 농장은 주로 퇴비용 증폭제를 사용하고 있다. 농작물이 맛이 좋고 보관 기간이 길다고 알아준다. 증폭제는 직접 사용해 봐야지만 효과를 체감할 수 있다. 모임에 오는 청년들도 직접 실천해 보고 느껴 생명역동농법이 더욱 활발해지면 좋겠다. 나는 죽을 때까지 이 농법을 실천할 것이다. 모임을 이끄는 〈평화나무농장〉 두 분은 언제나 따뜻한 정이 넘친다. 이해관계를 계산하지 않고 아낌없이 그대로 내주시는 모습에 늘 감탄한다. (2022년 12월 31일 별세)

서규섭 농부, 양평 〈별총총달휘영청소뿔농장〉 대표, 〈생명역동농업실천연구회〉 총무

현재 경기도 양평군에서 딸기 농사를 짓고 있는 나는 2000년 양평으로 귀농을 하여 농사를 배우기 시작했다. 아는 게 없던 때 양평에 계시는 〈정농회〉 초창기 회원분들과 교류하면서 유기 농법을 배우고 정농회에도 참석하면서 김준권 선생님 이 주도하시는 생명역동농업에 함께했다. 김 선생님이 농장을 꾸리는 모습과 부딪히면서 뚝심으로 농사를 계속해 오시는 것에 이 끌려 선생님을 롤모델로 삼게 되었다. 그러나 선생님이 소개하는 생명역 동농법은 시간이 지날수록 질문과 거부감이 늘어났다. 인분을 왜 사용하 면 안 되는지, 소뿔 말고 다른 뿔은 안 되는지, 탄소량 유황에 대한 설명 은 화학 시간에도 배우지 않은 낯선 이야기라 이해되지 않았다. 2018년 양평에 발도르프학교가 생겼다. 학교에서 농사를 짓고 싶은데 엄두가 나 지 않는다는 선생님들과 만나게 되었고, 그분들을 통해 발도르프 교육과 생명역동농업이 같은 뿌리임을 알게 되었다. '인지학'을 통해 질문이 풀 리기 시작했다. 지역 교사들과 공부하면서 매년 정기 모임을 갖고 있다. 임대하여 농사를 짓다가 2013년 양평군 개군면에 농지를 구입해 농장을 꾸리게 되었다. 농장 이름은 〈별총총달휘영청소뿔농장〉이다. 생명역동 농법이 실현되는 농장을 만들어 보자고 정한 이름이다. 나는 소똥 증폭 제를 주로 사용한다. 농사지은 딸기 맛이 조금씩 알려지고 있다. 농사는 긴 시간을 들여 평생을 가꾸어야 한다고 생각하기에 결과를 서두르지 않 는다.

도미니크 레몽 에으케^{Dominique Raymond Herque}, 신이현 와인 메이커

나는 충주시 수안보면에서 포도와 사과, 그리고 100여 가지 식물을 기르고 와인을 만드는 프랑스 알자스 출신 한국 농부다. 그래서 농장의 이름이 〈작은 알자스〉다. 프랑스에서 엔지니어로 일하다가 불현듯 농업 대학에 들어가 포도 재배와 양조학을 배워 알자스 와이너리에서 일을 하며 생명역동농법을 알게 되었다. 나무만 쳐다보고 키우는 것이 아니라 땅을 같이 키우고 저 멀리 행성에서 오는 파동을 느끼며 자연스럽게 농사를 짓는 생명역동농법으로 농사의 방향을 정하고 와이너리를 꿈꾸며 아내의 나라 한국에 정착하여 농사를 지은 지 이제 5년이 된다. 알자스는 생명역동농법이 보편화된 곳이어서 증폭제와 파종 달력을 구하는 일이 쉬웠다. 그러나 한국에 와서는 좀처럼 찾기가 어려웠다. 그러던 중 페이스북으로 〈평화나무농장〉 원혜덕 님을 만나고 김준권 님의 도움을 받을 수 있게 된 것이다. 프랑스에서도 1년에 2번씩 농부들이 모여 증폭제를 같이 만들고 나눈다. 한국에서도 실천연구회 모임에서 증폭제를 만들고 있어 참여하고 있다. 사과와 포도를 주로 기르는 우리 농장에서는 증폭제 재료로 쓰이는 쐐기풀, 쇠뜨기, 민들레를 액으로 만들어 병충해 예방 목적으로 많이 사용한다. 농장을 처음 시작할 때는 어린 나무들이 힘겨워하였다. 그러나 지금은 나무와 땅 모두 현저히 좋아졌다. 생명역동농법을 실천하며 농장은 노동 가치를 실현하는 일터로서만이 아니라 생태계를 유익하게 하고 인간의 삶도 아름답고 즐겁게 해 준다고 확신하고 있다.

김 성 훈

중앙 대학교 명예교수, 전 농림부 장관

언제부터인지 몸과 마음이 허해지면 문득 포천 관인면에 자리 잡은 〈평화나무농장〉을 떠올린다. 그리고 집사람을 꼬드겨 드라이브를 한다.

그곳엔 나의 영원한 유기 농업의 스승 원경선 선생의 넷째 딸 원혜덕과 그의 부군 김준권이 생명 농사를 지으며 살고 있기 때문이다. 그리고 몇 시간 동안 어슬렁거리다 무엇이든 한 보따리 싸 들고 돌아온다. 나 혼자 스스로 '생명수'라고 명명한 유기농 토마토 주스 한 상자는 꼭 빠트리지 않고 챙겨 온다.

누가 뭐라 해도 김준권 부부는 하늘과 땅 그리고 자연 생태계가 낳은 생명역동 농사꾼이다. 원경선 선생이 우리나라 유기 농업의 태胎를 묻고 키운 〈풀무원 농장〉과 〈정농회〉의 살아 숨 쉬는 모범생이다. 하늘과 땅과 자연에 기반한 생명역동농업을 외로이 그러나 고고히 세우고 지켜 낸 위대한 실천가이다. 세상의 각종 유혹과 꾀임에 흔들리지 않은 참 생명 농사꾼이다. 독일의 루돌프 슈타이너와 일본의 고다니 준이치를 빌려 말하지 않고도 우리의 자연 생태계와 농업 그리고 인간 생명을 살리는 길을 김준권이 실천해 왔다고 해도 과언이 아니다.

우리나라는 1999년 '유기농 원년元年'을 선포한 이후 정부가 한동안은 열심히 유기 농업의 진흥을 부추겨 왔다. 그러나 정권이 바뀔 때마다 백해무익한 상호 간의 정쟁에 골몰하면서 국민의 먹거리 안전과 유기농 진작에는 갈수록 소홀히 하고 있다.

이러한 때 평화나무농장 김준권이 그동안 만들어 사용해 온 생명역동농법 증폭제에 대한 모든 것을 농업, 특히 생명 농업에 관심이 많은 사람과 나누려 한다니 실로 대견하고 고맙다. 생명역동농업은 1924년 슈타이너의 농업 강좌 이래 전 세계에 확산되고 있는 농법으로 그 핵심은 증폭제를 만들어 농사에 사용하는 것으로 알고 있다.

생명역동농법으로 생산된 먹을거리는 풍부한 활력을 가지고 있다는 점에서 단순 유기 농산물과 구별된다. 그 활력은 농산물을 그냥 섭취할 때는 물론 요리하여 음식으로 만들어 먹을 때도 느낄 수가 있다. 현재 유럽을 비롯한 전 세계에서 생명역동농법으로 생산한 농산물을 까다로운 검증 과정을 거쳐 〈데메터〉라는 상표로 출시하고 있다. 평화나무농장 농산물도 이제는 데메터 인증을 받을 준비를 하고 있다고 한다.

개인적 견해로는 그 자격이 충분하다고 생각한다. 바야흐로 생명역동농법이야말로 우리나라 농업의 미래가 될 거라 확신하면서, 이 책 『김준권의 생명역동농법 증폭제』는 단순히 한 권의 저서라기보다는 뜻있는 사람이라면 하늘의 계시와 땅의 부름에 따라 우주의 수많은 별과 교류하면서 생명역동농업, 유기농 실천으로 화답하라는 복음서로 삼가 일독을 권하는 바이다.

크리스토프 짐펜되르퍼 Christoph Simpfendörfer
생명역동 농부, 국제 생명역동농업 연합 〈데메터〉 사무총장

생명역동농법 증폭제, 인류를 위한 선물

루돌프 슈타이너의 농업 강좌는 먹을거리의 질이 떨어지고 있다는 인식에서 시작되었습니다. 그 강좌에서 슈타이너가 말한 주된 내용은 하나의 유기체인 농장과 우주의 힘을 다시 연결하여 인간에게 필요한 진정한 양분을 공급할 수 있는 식물을 키워야 한다는 것이었습니다. 생명역동농법을 실천하는 우리 농부들은 증폭제의 도움을 받아 우리가 키우는 식물이 이런 우주의 힘을 더욱 민감하게 받아들이게 하려고 노력합니다.

　　식물과 그에 걸맞은 동물에서 유래한 겉싸개의 독특한 조합으로 만드는 '증폭제'는 태양과 지구, 우주적 리듬의 영향이 함께 작용하면서 작물에 변형의 힘을 창조합니다. 증폭제를 사용해 보면 그 효과를 즉각 관찰할 수 있습니다. 퇴비의 발효 과정이 변하고, 흙의

생명 활동이 증가하며, 식물의 모양이 달라집니다.

증폭제를 만들기 위한 세 가지 접근법이 있습니다. 자족적 농장 유기체라는 이상에서 영감을 받은 농부들은 자기 농장에서 모든 증폭제를 만듭니다. 이는 증폭제 식물을 채취하는 적기가 가장 바쁜 농사철과 맞물리는 경우가 많기 때문에 높은 수준의 헌신이 필요합니다. 또 다른 방법은 농부들이 모임을 조직해서 함께 증폭제를 만드는 것입니다. 이런 사회적 방식은 공동체 안에서 경험을 나누고, 증폭제에 대한 이해를 심화시킬 수 있는 기회를 제공합니다. 마지막 세 번째 방식은 완전한 전문화입니다. 세상에는 이 과업을 아예 직업으로 삼아 높은 수준으로 끌어올린 사람들이 있습니다. 거의 전문 의약품을 제조하듯 놀라운 결과물을 만들어 냅니다.

우주적 힘은 우리가 키운 작물의 색깔과 냄새, 맛, 그리고 형태에서 드러납니다. 더불어 인간은 좋은 음식에서만이 아니라 삶의 아름다움을 인식하는 감각 활동을 통해서도 양분을 얻습니다.

김준권과 원혜덕 님이 한국의 농업을 위해 이처럼 멋진 책을 집필해 주셔서 정말 기쁘고 감사합니다. 이 책이 널리 퍼져 나가 많은 사람에게 영감을 줄 수 있기를, 그래서 생명역동농법이 더욱더 많이 실천되고 먹을거리의 질이 높아지는 데 도움이 되기를 희망합니다.

깊은 감사를 전하며
크리스토프 짐펜되르퍼

월터 골드스타인Walter Goldstein

만다아민 연구소 대표, 전 미국 〈생명역동농업 연구소〉 상임 연구원

수년간 한국에서 성실하게 생명역동농법을 실천해 온 김준권 님이 그 내용으로 책을 집필하게 되어 매우 기쁩니다. 안타깝게도 이 책의 아름다운 한글을 전혀 읽지 못해 내용을 정확히는 알지 못하지만, 책에 실린 농장의 풍경과 증폭제를 만드는 사진을 보며 김준권 님의 농장이 어떤 곳이고 무슨 일을 하고 있는지 알 수 있었습니다. 건강해 보이는 농작물 그리고 순진하고 감사한 얼굴을 하고 있는 소들과 증폭제를 만들고 사용하는 농부의 모습을 보며 평화나무농장이 한국 농부들에게 생명역동농법을 할 수 있는 본보기와 자극이 되기를 기원해 봅니다. 저도 언젠가는 한국에서 증폭제를 포함해 생명역동농업을 실천하면서 경험한 것을 직접 나눌 수 있는 기회가 있기를 바랍니다.

생명역동농법과 증폭제를 이해한다는 것은 시간이 오래 걸리는 모험입니다. 흙이나 생명에 대해 실재를 공감하는 태도로 깊이 관찰해야 하기 때문입니다. 그러나 이러한 태도는 실재를 풍부하게

이해하는 지름길이 됩니다. 현실을 넘어 농업이 갖는 정신적인 의미로 한 걸음 더 들어가기 위해서는 용기가 필요합니다. 생명역동농법을 온전하게 이해하고자 한다면 스스로 나름의 경험을 습득해야 하고, 기계로 성취하는 그 이상의 것을 배울 수 있도록 인간으로서 우리의 능력을 갈고닦아야 합니다.

저는 한국이 길고 풍부한 농업 전통을 가지고 있다는 것과 그 전통이 삶에 대한 심오한 접근에 뿌리를 두고 있다는 것을 알고 있습니다. 그래서 앞으로 한국형 생명역동농업이 어떤 모습으로 나타날지 기대가 됩니다. 한국에서 생명역동농업을 하고자 하는 사람들에게 도움이 되었으면 하는 마음으로 우리가 연구한 자료를 첨부합니다.

월터 골드스타인 Walter Goldstein 워싱턴 주립 대학에서 농업학 박사 학위를 취득하였으며 〈마이클 필즈 농업 연구소Michael Fields Agricultural Institute〉에서 25년간 근무했다. 지금은 작물의 종자를 연구하고 개발하는 비영리 단체인 〈만다아민 연구소The Mandaamin Institute〉(www.mandaamin.org)를 운영하고 있다.

▓ 농업을 실천하는 데 길잡이가 되는 흙의 생명 현상 연구

흙 속에 있는 생명에서 시작해 보자. 농사의 원초적 출발은 흙을 손에 들고, 그것의 형태를 보고, 손끝에서 느껴 보고, 냄새를 맡는 것이었다. 생명력을 온몸으로 느끼는 것이다. 농부들은 흙이 생명력이 넘치는지 죽은 상태인지를 어느 정도 감지한다. 계절에 따라서 조금 더 생명력을 얻거나 잃거나 하는 차이를 보이는 것은 흙의 당연한 본성이다. 이러한 흙의 상태는 농작물의 성장뿐 아니라 지구 자체의 생명과 상응한다.

흙에 따라(특정 지형, 토양의 종류에 따라) 내재된 생명력의 종류가 다르다는 것도 경험으로 알 수 있다. 그런 결과가 즉각적으로 경험되는 것에 비해 논의되는 일은 거의 없다. 왜냐하면 그 현상을 설명하기 위한 적절한 단어나 맥락을 찾기가 힘들기 때문이다.

흙이 생명력을 갖거나 죽어가는지는 흙의 상태로 알 수 있다. 더 죽은 것 같은, 압착되고, 수평적이고, 무거운 물질 상태는 중력에 더 영향을 많이 받는 것으로 느껴진다. 반면 생명력이 더 활발하고 가볍고 공기의 영향을 더 많이 받는 상태일 때는 좀 더 공기구멍이 많은, 떼알 구조의 살아 있는 입자를 갖는다.

냄새와 맛의 세계는 토양의 질과도 아주 밀접하게 연결되어 있다. 냄새는 공감적이거나 반감적인 느낌을 동반하는 경우가 더 많기 때문에 비유적인 것 이상으로는 말로 설명하기가 더 어렵다. 예를 들어, 어떤 사람에게는 봄철 흙에서 과일 향이 날 수도 있고 다른 사람에게는 하수도 같은 냄새가 날 수도 있다.

지구를 살아 있는 것으로 체험하는 것은 선험적인 개념이 아니라 토양에 대한 진정한 관심에서만 나올 수 있다는 것을 연구하는 모임이 있다. '토양과 영혼의 관계'를 주제로 한 소규모 생명역동 연구 모임이다. 구성원들은 뉴욕주에서 네브래스카주에 이르기까지 북미 대륙의 북부 지역에 걸쳐져 있다. 매달 한 번 참가자들은 각자가 속한 정원이나 들판에서 흙을 평방 20cm 정육면체로 조심스럽게 덜어낸다. 그런 다음 삽으로 훼손된 가장자리를 조심스럽게 털어내고 남은 흙덩어리가 어떤 느낌을 주는지를 관찰하고 묘사한다.

토양의 물리적 상태, 냄새, 구조를 가능한 한 정확하게 묘사하는 것이 중요하다. 흙의 생명력을 우리 영혼 속에 공명하게 하면서 그 과정에서 우리 내면에 번득 떠오르는 직관적인 상으로 그 흙의 상태를 묘사하는 단어를 찾아야 하는 것이다.

흙의 물리적 구조를 기록하기 위해 토양의 사진을 찍지만, 토양에 대한 내면 세계는 문장으로 해서 글로 적는다. 토양에 대한 내적 경험이 토양의 물리적 상태와 직접 상응할 필요는 없다. 매달 한 번씩, 우리는 느낀 바를 공유하고 각자의 토양 사진을 돌려 보고 만날 때마다 흙이 어떻게 달라지는지를 이야기 나눈다.

이러한 관찰은 양분을 많이 필요로 하는 곡식이나 채소류를 재배하는 토양을 시간 차를 두고 지속하면 좋은 결과를 얻을 수 있다.

▨ 생명역동 증폭제가 식물의 성장에 미치는 영향에 대한 실험

1977년부터 1979년까지 허버트 쾨프와 나는 밀 모종을 대상으로 생명역동 증폭제의 영향을 연구했다. 모종을 각기 다른 영양소를 첨가한 배양액에서 재배했을 때와 여러 가지 증폭제를 첨가했을 때 특정 미네랄이 부족한 상태를 어떻게 보완해 주는지를 관찰했다. 먼저 실소와 칼슘이 풍부한 배양액에서 키운 모종은 뿌리가 짧고 울퉁불퉁 마디가 잡히고 잎은 거대하게 자랐다. 뿌리에 비해 잎의 성장이 월등히 높았다. 미량 원소(철, 구리, 아연 등)를 용액에 첨가하면 뿌리가 더 길어지고 뿌리와 잎의 비율은 1:1로 균형을 이루었다.

배양액에 미량 원소 대신 매우 적은 양의 쥐오줌풀 증폭제를 추가한 경우 뿌리의 성장이 길고 균일해졌다. 참나무껍질 증폭제를 소량 추가한 경우는 칼슘이 많이 들어 있는 비료를 추가했을 때와 동일하게 뿌리 길이가 극도로 짧아졌으며 짧고 뭉툭하게 배배 꼬인(비틀어진) 참나무 가지처럼 되었다. 캐모마일 승쑥제나 종합 증폭제를 소량 추가했을 때는 뿌리가 더 잘 자라 잎과 뿌리의 비율이 좋아졌다. 이 실험의 결과로 알 수 있는 것은 식물 성장에서 참나무껍질 증폭제는 칼슘과 동일한 효과를 가진다는 것과, 캐모마일 증폭제는 칼슘을 조절하는 효과를 갖는다는 것이었다.

▨ 쐐기풀 종합 증폭제를 비롯한 여러 종합 증폭제의 효과 비교 분석 연구

우리는 실험을 위해 6년 동안 유기 농법과 생명역동농법 경작지에는 6가지 곡물을, 관행 농법 경작지에는 2가지 곡물을 윤작했다. 실험 농장은 구획을 나누어 생명역동농법 경작 구역에는 소똥과 수정 증폭제를 기본으로 사용했다. 그리고 생명역동 농장은 여러 종류의 종합 증폭제를 구획을 나누어 뿌렸다. 다음 내용은 실험 결과를 담은 연구 논문을 요약한 것이다.(연구 결과의 전문은 www.degruyter.com/document/doi/10.1515/opag-2019-0018/html에서 검색할 수 있다)

쐐기풀 종합 증폭제를 사용한 구획이 가장 높은 수확량을 보였고 유기 농법과 생명역동농법의 수확량은 크게 차이가 없었다. 밀의 평균 수확량을 비교해 보면 1995년부터 1998년까지 쐐기풀 종합 증폭제를 사용한 경작지의 수치가 가장 높았다. 그에 비해 유기 농법의 경우 평균 생산량은 10% 낮았고, 종합 증폭제를 적용하지 않은 생명역동농법 생산량은 6% 낮았다. 마리아 툰 종합 증폭제를 적용한 경우 5%가, 슈퍼500 종합 증폭제를 적용한 경우는 1% 낮았으며 파이퍼 증폭제를 적용한 경우는 2% 낮았다.

옥수수 역시 1994년부터 1998년까지 쐐기풀 종합 증폭제를 적용한 경우가 생산량이 가장 높았다. 유기 농법 생산량은 7% 낮았고, 종합 증폭제를 적용하지 않은 생명역동농법 생산량은 6%, 마리아 툰 종합 증폭제와 슈퍼 500 종합 증폭제 모두 7%, 파이퍼 증폭제를 적용한 경우는 4% 더 낮았다.

특히 생명역동농법에 쐐기풀 종합 증폭제를 적용한 시스템과 유기 농법 시스템에서 보인 밀 수확량의 차이는 337~607kg/ha으로 쐐기풀 종합 증폭제를 적용한 시스템이 더 컸다.(3년 동안 오차 범위 5% 내외) 또한 1998년 종합 증폭제를 사용하지 않은 생명역동 농장에서의 밀 수확량은 유기 농법을 크게 능가했다.

유기 농법과 비교해서 쐐기풀 종합 증폭제를 적용한 생명역동농법이 가장 긍정적인 생산 효과를 보인 해는 전체 수확량이 가장 낮은 해였다. 수확량에 확실한 차이가 있었다. 이는 전체적으로 생명역동농법을 적용한 시스템이 균형적인 생산률에 기여한다는 것을 시사한다.

이렇게 흉년에도 생산량에 큰 차이가 없었던 이유는 쐐기풀 종합 증폭제가 뿌리의 성장을 촉진시키는 것과 관계가 있을 거라 추정한다. 곡물의 뿌리 성장을, 유기 농법을 기준으로 생명역동농법과 쐐기풀 종합 증폭제를 적용한 생명역동농법을 비교하면 옥수수의 뿌리 길이가 1998년에 각각 10%와 10%가 증가하고, 1999년에는 23%와 37% 증가했다. 옥수수 뿌리의 무게를 보면 1998년에 12%와 33%, 1999년에는 28%와 39%로 증가했다.

뿌리의 길이와 무게의 성장은 토양 속 유기물 축적 및 탄소 퇴적에도 긍정적인 효과를 미친다. 토양 속에서 볼 수 있는 신선한 유기물의 함량을 비교해 보면 관행 농법, 유기 농법, 쐐기풀 종합 증폭제를 적용한 생명역동농법에서 각각 4,213kg, 4,289kg, 4,664kg C/ha였다.

생명역동농법에 쐐기풀 종합 증폭제를 석용한 토양과 관행 농법 토양 중 신선한 유기물 함량의 차이는 11%였고, 생명역동농법에 쐐기풀 종합 증폭제를 처리한 것과 유기 농법의 차이는 9%였다.(두 결과 모두 오차 범위 5% 내외)

1   **원경선(1914~2013)** 평생 농업에 헌신해 100세 농군으로 불린 인물로 1970년대 중반 우리나라에서 처음으로 유기 농법을 도입하고 시작해 '한국 유기 농업의 아버지'로 불린다. '농군 나눔 공동체의 선구자'인 〈풀무원 농장〉을 만들었고 한국 최초의 유기 농업 단체인 〈정농회〉를 설립하는 기초를 놓았다.

2   **고다니 준이치**小谷 純一**(1910~2004)** 일본 교토 대학 농학부를 졸업하고 오사카 부립 농업 학교 교사와 와카야마 청년 사범 학교 교수를 역임했다. 1945년 2차 세계 대전 패전 이후 교직을 사임하고 자택에 〈애농학원〉을 개설했다. 이것이 발전하여 〈전국 애농회〉가 되었다. 기관지 '애농', '성령' 등을 창간했고 1964년 애농학회 농업고등학교를 개교해 초대 교장을 지냈다. 성서의 가르침에 따라 건강한 먹거리를 생산하기 위해 땅을 오염시키는 화학 비료와 제초제를 사용하지 않는 유기 농법을 하였다. 유기 농법으로 전환한 지 3년째 되던 해에 한국을 방문하여 일본 유기 농법 운동을 소개하고 〈정농회〉 창립에 기여하였다.

3   **ARI(Asian Rural Institute)** 일본 도치기현에 있는 농촌 지역 지도자들을 위한 국제 훈련 센터. 매년 지속 가능한 농업, 지역 사회 개발 및 리더십에 대한 9개월간의 농촌 지도자 교육 프로그램을 시행한다. 유기 농업 통합기술, 공동체 구축, 리더십을 통한 지속 가능한 농업에 초점을 맞춘 교육으로 공동 사회를 기반으로 모든 영역에서 체험 학습이 강조되고 함께 일하면서 성장한다.

4   **후쿠오카 마사노부**福岡 正信**(1913~2008)** 농부이자 철학자, 환경 운동가로 자연 농법의 창시자이다. 근대 농법과 과학 농법에 등을 돌리고 노자의 무위자연을 현실에 그대로 옮긴 농업 혁명 실천가이다. 자연 농법의 4대 핵심은 '무경운', '무농약', '무비료', '무제초'로 4무농법이라고도 한다. '아무것도 하지 않는, 자연이 짓고 사람은 그 시중을 들 뿐인' 자연 농법을 통해 지구의 사막화를 방지하고 건강한 식량 공급을 위한 녹색 혁명을 일으켰으며, 1988년에 농업 분야에서 막사이 상을 수상했다. 저서로는 『짚 한 오라기의 혁명』, 『자연농법』, 『자연으로 돌아가다』, 『자연을 산다』 등이 있다.

5   **정농회** 1976년 일본 고다니 준이치 선생의 '유기 농법'과 '자연 농법' 강연을 듣고 건강한 땅과 바른 먹거리를 고민한 농민들이 '바른 농업'을 실천하기 위해 원경선 선생과 설립했으며, 우리나라 최초로 유기 농업을 실천한 단체이다. 해마다 1월 연수회를 열어 각자의 체험을 공유하고 교양, 농법, 교육 등 다양한 강좌를 진행했다. 농지 보존을 위해 청년들에게 저렴한 비용으로 토지를 장기 임대하는 '토지 공유 운동'을 진행했으며 2018년 '정농영농조합법인'을 출범했다.

6   **필로 드니**Pilliaud Dennes**(1950~2019)** 프랑스인 농부로 일본인 부인 요시코와 함께 일본 큐슈의 아소산에서 생명역동농업 공동체 〈풋고와빠〉 농장을 운영하였다. 일본 생명역동농업 협회 공동 대표였으며 일본에서 파종 달력을 출간하였다.

7   **생명역동농업**Biodynamics Agriculture 1차 세계 대전이 끝나고 화학 비료를 사용하게 되면서 생산량은 늘었지만 농산물의 품질은 저하되고 전체적으로 농업이 쇠퇴하게 되었다. 이러한 분위기와 상황을 우려한 농부들의 요구에 따라 루돌프 슈타이너는 1924년 코베르비츠에서 열린 농법 강의를 통해 새로운 농업의 방향을 제시했다. 이후 이 농업 방향을 실천하는 사람들에 의해 발전해 나갔고, 루돌프 슈타이너 서거 2년 후 생명역동농법이라고 명명되었다. 생명역동농업은 단순히 화학 비료를 거부하는 것이 아니라 우주의 힘이 땅에 새로운 기운을 주어 농작물에까지 생생한 생명력을 미칠 수 있도록 해야 한다는 것이다. 현재까지 세계 곳곳에서 수많은 농부에 의해 이 농사법을 발전시키고 개선하는 작업들이 지속적으로 이루어지고 있다.

8   『**Geisteswissenschaftliche Grundlagen zum Gedeihen der Landwirtschaft** 성공적으로 농사를 짓기 위한 자연 과학적 토대』(루돌프 슈타이너 전집 목록 327번, 번역서로 『자연과 사람을 되살리는 길』(평화나무 출판사, 2002)이 있다.)

9 월터 골드스타인의 '추천의 글'에 첨부한 관련 연구 자료(198~201쪽) 참조

10 소뿔은 소 생명력의 내적 작용을 강화하며 우유 생성 과정에 기여해 우유 품질 향상에 중요 요소로 작용한다. 이것은 독일 하갈리스 연구소의 결정화 분석을 이용한 품질 평가에 의해 입증되었다. 뿔이 제거된 젖소의 우유는 품질이 떨어진다. (『The biodynamic farm-Developing a Holistic』, Karl-Ernst Osthaus, FlorisBooks, 2016)

11 **파종 달력** 이 책 169쪽 참고

12 **마리아 툰Maria Thun(1922~2012)과 파종 달력** 1940년 훗날 남편이 된 발터 툰의 소개로 생명역동농업 농부들을 만나며 생명역동농법에 큰 관심을 갖게 되어 디름슈타트의 생물 역학 연구소에서 다양한 입문 과정에 참석하기 시작했다. 달의 위상을 알려주는 루나 달력이 파종하기에 적절한 시기를 판단할 수 있게 해 주는지를 알기 위해 무 파종 실험을 시작했다. 토양 조건과 씨앗이 동일함에도 불구하고 서로 다른 날에 뿌려진 작물의 변형을 발견했다. 이후 괴테아눔의 천문력을 연구하기 시작했고 달이 2~3일마다 황도대의 다른 별자리에 들어간다는 것을 발견했다. 이로 인해 천문학을 보다 집중적으로 연구했고 별자리에 따라 무의 형태와 크기가 다르다는 것을 발견했다. 이후 달의 움직임이 모든 작물에 동일한 영향을 미치는지 확인하기 위해 거의 모든 유형의 작물로 파종 실험을 계속했다. 황도대를 지나는 달의 위치에 따라 '뿌리의 날', '잎의 날', '열매의 날', '꽃의 날' 네 가지로 나누어 각각의 식물이 파종하기에 가장 좋은 날을 찾아 내 '파종 달력'을 만들었다.

13 **FiBL(Forschungsinstitut für Biologischen Landbau)** 유기 농업 분야의 세계 최고 기관 중 하나로 스위스, 독일, 오스트리아, 프랑스에 위치하고 있다. FiBL은 토양 관리와 식물 생산, 축산 및 동물 건강, 사회 경제 문제, 유기농 식품 가공 및 유기 시장에 대한 포괄적인 전문 지식을 갖추고 있다. 실용적인 연구뿐 아니라 자문 업무와 교육 과정, 전문 정보를 제공해 유기 농업의 국제 발전에 전념하고 있으며, 현지 파트너 조직과 긴밀히 협력해 아프리카, 아시아, 라틴 아메리카 및 동유럽에 지속 가능한 농업 개발을 촉진하고 있다. FiBL에서 진행되는 독 실험(DOK-Trial)은 생명역동농법(D: demeter), 유기 농법(O: organic) 및 관행 농법(K: konventionell) 작물을 비교하는 매우 중요한 실험이다. 1978년부터 밀, 감자, 옥수수, 콩 같은 경작 가능한 작물을 동일한 장소와 조건에서 생명역동농법, 유기 농법 및 관행 농법으로 실험해 생산물을 비교하였다. 1990년대 중반부터는 지속 가능한 농업, 토양 품질 및 생산물 품질에 중점을 두고 많은 연구팀이 토양과 토양 표면에서 일어나는 생태 과정을 이해하는 것에 목표를 두고 있다. www.fibl.org

14 다양한 연구에 따르면 생명역동농업을 하는 토양은 유기나 관행적으로 경작된 토양보다 작물의 뿌리를 더 깊이 내리도록 하고 지렁이와 미생물을 더 많이 포함하고 있다. 또한 기후에 해를 끼치는 이산화 질소가 덜 배출되며 토양 비옥도의 기초가 되는 토양 부스러기의 안정성도 높다. www.demeter.de/ biodynamisch/ boden/versuche.

15 『Anleitung zur Anwendung der Biologisch-Dynamischen Feldspritz-und Düngerpräparate 생명역동농법 증폭제 입문서』(Christian v. Wistinghausen et al.)

16 **세계 유기농 대회** 1972년 프랑스에서 결성된 전 세계 유기 농업 생산자, 가공업자, 유통업자, 연구사들의 연합 단체로 유기 농업의 실천과 확산을 통한 농업 생태계 보전과 인류가 필요로 하는 안전한 먹거리를 충분히 생산하는 것을 목표로 하고 있으며 유기 농업 기술 보급, 국제 인증 제도 확산, 유기 농업 관련 국제 기준 제정 등의 일을 하고 있다. IFOAM 세계 유기농 대회는 3년마다 대륙을 순회하며 개최되는 유기 농업 관련 국제 학술 대회로 유기 농업 발전을 위한 분야별, 주제별 토론회, 유기농 박람회, IFOAM 총회 등 행사가 개최된다. 2005년 제15차 대회는 호주에서, 2008년 제16차 대회는 이탈리아에서 개최되었다. 2011년 대회는 한국 남양주에서 열렸다.

　　우리나라 주요직물 36가지의 재배시기 (출처_생명역동농법실천연구회 '파종 달력')

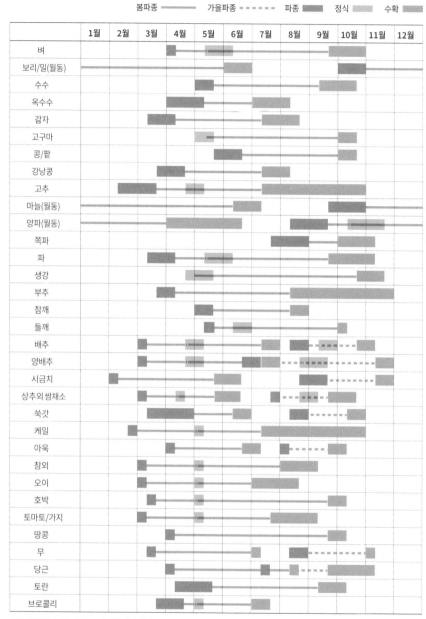

경기지방의 노지를 기준으로 작성한 작물재배 일정표입니다.
그 외 지방은 해당 지역의 기후에 맞춰서 날짜를 앞당기거나 늦추시기 바랍니다.

생명역동농업실천연구회 평화나무농장

생명역동농업 연합 & 데메터 연합

주소 Biodynamics Federation & Demeter International e.V. Brandschneise 1
전화 +49 6155 8469 0
팩스 +49 6155 8469 11
이메일 info@demeter.de
홈페이지 www.demeter.net

스위스 유기 농업 연구소FiBL

주소 FiBL, Switzerland
전화 +41 62 865 72 72
이메일 info.suisse@fibl.org
홈페이지 www.fibl.org

괴테아눔 농업 분과

주소 Goetheanum Hügelweg 59 4143 Dornach/Switzerland
전화 +41 61 706 42 12
팩스 +41 61 706 42 15
이메일 agriculture@goetheanum.ch
홈페이지 www.sektion-landwirtschaft.org

생명역동농업실천연구회 / 평화나무농장

주소 경기도 포천시 관인면 창동로 1071번길 57
연락처 010-4308-1877
블로그 blog.naver.com/whd0123123
이메일 peacefarm@hanmail.net

 2022년 봄 정기 모임 영상

증폭제 식물
달인 액

증폭제 식물 달인 액

증폭제 식물 달인 액(이하 식물 액)은 식물에 직접 뿌려 사용하는 식물 영양제로 식물의 병을 예방하고 성장을 돕는 역할을 한다. 논둑이나 밭둑의 경작하지 않는 부분에 증폭제용 식물을 두루 심어 평소에 관리를 해 두면 필요할 때 채취하여 이용할 수 있다. 텃밭, 양봉하는 사람들에게 매우 유용하며 벌뿐만 아니라 잘 말려 두었다가 차로 마시면 사람의 건강에도 좋은 효과를 발휘한다.

우리나라에도 여러 가지 식물 또는 광물 그리고 그 부속물로 만드는 각종 식물 영양제가 여러 가지 이름으로 많이 사용되고 있다. 여기서 제시하는 '식물 액'은 마리아 툰이 고안한 것으로 쉽게 만들 수 있고 사용하기도 편하다. 이후 루돌프 슈타이너가 『자연과 사람을 되살리는 길』에서 언급한 쇠뜨기 증폭제와 더불어 생명역동농법을 실천하는 전 세계의 많은 농가에서 활용하고 있다.

만드는 방법으로는 뜨거운 물에 우리기, 달이기, 차가운 물에 우려서 단기간 발효하기가 있다. '식물 액'은 희석하여 사용하는데 배율을 꼭 지키지 않아도 된다. 농도 장해를 일으키지 않기 때문이다. 다소 과하게 뿌려도 식물 표면에 남아서 피해를 주지 않는다는 말이다.

이제 앞에서 생명역동 증폭제를 만드는 데 사용한 식물 중 톱풀, 캐모마일, 민들레, 참나무 껍질, 쐐기풀, 쇠뜨기, 쥐오줌풀을 이용하여 식물 액을 만들어 보자. 식물 액은 필요할 때 만들어 바로 사용한다.

생명역동농법으로 농사를 하지 않더라도 원료 식물만 확보하면 누구나 활용할 수 있다. 특히 작은 텃밭을 하는 경우에 많은 도움이 될 것이다.

톱풀 액

곤충, 특히 진딧물을 제거하고 곡물류(밀, 보리)의 곰팡이병을 예방하는 효과가
있다. 벼의 도열병도 초기에 사용하면 예방할 수 있다. 토마토, 애호박, 딸기,
나무 열매 같은 식물의 개화 준비를 돕고, 열매와 줄기를 단단하게 해 준다.
과수원에서는 봄에 꽃이 피기 직전 살균, 살충제인 석회 유황 합제를 엄청 많이
사용한다. 톱풀 액을 사용하면 이런 약제 사용을 줄일 수 있다.

① 끓는 물 1ℓ에 말린 톱풀 꽃 3g을 넣는다.
② 바로 불을 끄고 뚜껑을 덮어 15분 동안 둔다.
③ 체에 거른다.

사용하기 7~8배로 희석해 살포한다. 열매가
익기 시작할 때, 딸기나 토마토가 녹색에서 빨간색으로
변할 때 이슬이 걷힌 후 아침에 뿌린다.

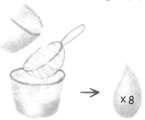

톱풀·쐐기풀 액

쐐기풀은 진딧물이나 곤충의 활동을 억제하고 톱풀은 진균병
예방에 좋기 때문에 섞어 만들면 만능 예방으로 사용하기에 좋다.

① 찬물 1ℓ에 말린 톱풀 꽃 10g을 넣고 끓인다.
② 끓기 시작하면 말린 쐐기풀 10g을 넣고 불을 끈 후
   15분 동안 둔다.
③ 체에 거른다.

사용하기 10배로 희석해 모든 작물에 사용한다.

캐모마일 액

캐모마일은 칼슘과 유황을 다량 함유하고 있어 역시 균사의 기생에 의한 병을 막아 주는 효과가 있다. 또한 혹서나 혹한, 장마, 가뭄 등 기후의 악영향을 완화하는 데 도움을 준다. 특히 습기에 약한 감자, 토마토, 오이 같은 작물이 장마철에 잘 자랄 수 있게 한다. 과수(사과, 배 등)에도 좋다.

① 끓는 물 1ℓ에 말린 캐모마일 꽃 3g을 넣는다.
② 바로 불을 끄고 뚜껑을 덮어 15분 동안 둔다.
③ 체에 거른다.

사용하기 10~20배 희석해서 일출 직후에 되도록 아침 일찍 작물에 고운 안개처럼 뿌린다. 꽃이 피기 전과 후에 모두 뿌린다.

민들레 액

민들레는 식물의 잎 표면 조직을 강하게 하여 균사로 인한 병을 예방하고 저항력을 높이는 데 도움을 준다. 브로콜리, 양배추, 청경채, 감자나 자두의 본 잎이 두세 장 나올 때 뿌려 주면 성장을 촉진한다. 작물의 맛을 좋게 하고 잎을 강하고 단단하게 만들고 비가 많이 오는 해에 질병을 예방하는 데 좋다.

① 끓는 물 2ℓ에 말린 민들레 꽃 6g을 넣는다.
② 바로 불을 끄고 뚜껑을 덮어 15분 동아 두다.
③ 체에 거른다.

사용하기 4배로 희석해 아침 일찍 작물 주변의 흙에 뿌린다.

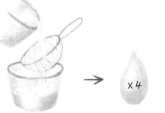

쇠뜨기·쐐기풀 액

프랑스 알자스 지방에서는 이 식물 액을 4~8월에 걸쳐 포도나무에 살포한 결과 포도의 병충해를 방제하기 위해 사용해 온 보르도액의 살포량을 절반으로 줄일 수 있었다고 한다. 포도뿐만 아니라 오이, 토마토 같은 과채류는 물론 다른 모든 작물에 사용할 수 있다. 세균으로 인한 병을 예방하는 데 도움을 준다.

① 찬물 1ℓ에 말린 쇠뜨기를 한 줌 넣어 끓인다.
② 끓기 시작하면 불을 줄여 40분간 기포가 보글보글 오르는 상태를 유지하며 달인다.(80~90℃ 사이를 유지한다)
③ 생 쐐기풀 200g 또는 말린 쐐기풀 20g을 추가하고 계속해서 5분 정도 달인다.
④ 불을 끄고 식힌 후 체에 거른다.

사용하기 작물의 꽃이 피기 전에 10배로 희석해 사용한다.

참나무 껍질 액

모든 식물의 병충해 예방에 효과가 있으며 특히 상추, 무, 콜리플라워, 토마토 등에 효과가 높다. 참나무 껍질에 들어 있는 탄닌은 작물을 갉아먹는 곤충의 공격으로부터 작물을 보호하고 살균하는 효과가 있어 어린 묘목을 치료하는 데 사용하기도 한다.

① 끓는 물 1ℓ에 잘게 부순 참나무 껍질 15g을 넣는다.
② 20분 동안 은근한 불에 달인다.
③ 체에 거른다.

사용하기 10배로 희석해 사용한다.

쐐기풀 액

생육을 조정하고 증진하며 균형을 잡아 주는 역할을 해 여러 용도로 사용할 수 있다.
특히 감자나 포도, 오이의 노균병 예방에 효과가 있다.(오이의 경우 좀 까다롭기는 하나
시도해 볼 만하다) 진딧물을 없애는 데 효과가 좋다고 알려져 있다.

발효시키기

① 찬물 1ℓ에 말린 쐐기풀 100g을 담근다.

② 햇빛 아래 상온에서 4~10일
  발효시킨다.(고약한 냄새가 난다)

③ 체에 거른다.

사용하기 10배로 희석해 사용한다. 뿌리의 성장을
자극하기 위해 흠뻑 뿌린다. 덥거나 추운 날씨에 있을
스트레스를 예방하고 잎이 노랗게 변하는 것을
막기 위해서는 25배 희석해 뿌린다.

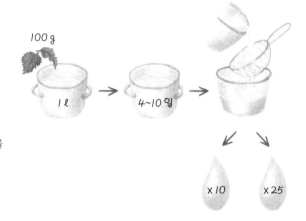

달이기

① 끓는 물 1ℓ에 생 쐐기풀 200g이나 말린 쐐기풀 20g을 넣어
  은근한 불에서 온도가 유지되도록 15분 정도 달인다.

② 불을 끄고 20분 정도 식힌다.
  (진딧물 퇴치용으로 사용할 경우 불을 끄고 24~36시간 정도 둔다)

③ 체에 거른다.

사용하기 7~8배로 희석해 사용한다. 진딧물을 제거할 때는 원액을 바로 사용한다.

출간에 즈음하여

처음 책을 만들자고 하는 이야기를 출판사에서 해 왔을 때 가벼운 마음으로 그러자고 대답했던 기억이 난다. 벌써 3년 전 일이다.

글을 쓰거나 원고를 작성하는 일이 나에게 쉬운 일은 아니다. 차라리 누가 나에게 밭을 갈아 달라고 하면 하루 종일이라도 할 수 있다. 이 일이 오히려 쉽다.

푸른씨앗 출판사로부터 원고 독촉을 몇 차례 받은 후에 굼뜨게 시작한 원고가 한 꼭지 두 꼭지 모여 가고 원고를 보완할 사진들이 쌓여 가면서 늘어나는 원고의 무게만큼 마음이 짓눌렸다. 원고가 어느 정도 모였을 때 글을 다듬고 교정을 보는 일을 동시에 진행하였는데 거의 매주 한 번씩 출판사 편집을 맡은 사람들이 우리 집에 왔다. 내가 쓴 글을 읽고 함께 다듬고 확인이 필요한 부분은 자료를 찾아가며 체크하는 작업을 동시에 진행하였다. 이 또한 쉬운 일이 아니었다.

세상에 없던 것을 새로 만들어 내는 일을 흔히 출산에 비유한다. 소나 염소가 새끼 낳는 것을 옆에서 보고 있으면 진통이 와서 어미가 힘을 줄 때마다 나도 모르게 같이 힘을 주고 있음을 느끼게 된다. 옆에서 보는 것만으로도 힘이 드는 것이 새끼를 낳는 일이다. 출산이란 그동안 이 세상에 없던 것이 새로 생겨나는 과정이다. 책을 만드는 일도 이러한 출산에 해당한다는 생각이 든다.

이제 얼마 후면 책이 완성된다. 마무리가 가까워 오니 한편 홀가분한 마음과 함께 아쉬움과 걱정도 따라붙는다.

이제 부족하지만 이 책이 생명역동농업에 관심을 가진 이들과 더 깊이 알고자 하는 분들에게 촉매제가 되고 작은 해답이 될 것이라고 생각하니 기쁜 마음 금할 수 없다.

이렇게 책이 만들어지기까지 푸른씨앗 출판사의 노고가 컸다. 출판사의 백미경 님을 비롯하여 출판사 담당자들과의 만남이 수십 차례 있었다. 바쁜 농사철에도 읽고, 토론하고, 고치기를 서로 지칠 때까지 하였다.

특히 편집 책임을 맡은 남승희 님의 넘치는 열정이 아니었으면 이 책은 완성되기 어려웠을지도 모르겠다. 좋은 사진 한 컷을 얻기 위하여 자동차로 2시간이나 걸리는 먼 길을 오가는 일도 허다하였다. 해가 뜰 때와 넘어갈 때 찍는 사진의 느낌이 다르다며 새벽같이 와서 해가 뜰 무렵에 찍기 시작하여 해가 넘어갈 때까지 사진을 찍는 날도 있었다. 매번 왔다 갔다 하는 것을 번거롭게 생각하지 않는 것을 보면서 만드는 책에 대한 애정과 맡은 일에 대한 뜨거운 열정을 엿볼 수 있었다. 그 뜨거움이 독자들에게까지 전달되었으면 하는 마음 간절하다. 이렇게 『김준권의 생명역동농법 증폭제』는 생명역동농업을 실천하는 데 있어 실제적이고 기술적인 것들을 최대한 담고자 노력했다. 그러고도 부족한 부분은 독자들이 채워 줄 것이라 기대해 본다.

나는 이 책의 성격을 '인문학적 요소가 가미된 실용서'라고 하고 싶다. 책을 잘 보지 않는 요즘 세태 속에서도 농업과 관련된 실용적 필요와 가치 때문에 사람들이 읽게 된다면 다행스러운 일이겠다.

　　거기에 한 가지 욕심을 더 보태자면 그러한 내용을 충분히 살리지는 못했지만 이 책을 보고 '어떻게 살 것인가?' 하는 고민을 하는 사람들이 있다면 이 책을 만든 나의 숨은 뜻이 이루어진 것이기에 더없이 기쁠 것이다. 농법 책으로 '위장'하였지만 이 책은 무엇을 먹을 것인가? 어떻게 살 것인가? 하는 명제를 담고 있다. 이 두 명제가 내가 책을 집필하는 진정한 이유이다.

2023년 포천에서

김준권

www.greenseed.kr 푸른씨앗 책

발도르프 교과 과정 시리즈

8년간의 교실 여행_발도르프학교 이야기
토린 M.핀서 지음 청계자유발도르프학교 옮김

담임 과정 8년 동안 교사와 아이들이 함께 성장한 과정을 담은 감동 에세이. 한국의 첫 발도르프학교를 시작하며 함께 공부하고 만든 책. 학교가 나아가는 길목에서 아이들과 함께 변화를 꿈꾸는 모든 분과 함께 나누고자 한다.

150×220 | 264쪽 | 14,000원

발도르프학교의 형태그리기 수업
한스 루돌프 니더호이저·마가렛 프로리히 지음 푸른씨앗 옮김

1부는 발도르프학교 교사였던 저자의 수업 경험, 형태그리기와 기하학의 관계, 생명력과 감각, 도덕성과 사고 능력을 강하게 자극하는 형태그리기 수업의 효과에 대해 설명한다. 2부는 형태그리기 수업에서 주의할 점과 루돌프 슈타이너가 제안한 형태의 원리와 의미를 수업에 녹여 내는 방법과 사례를 실었다. 특별판에는 실 제본으로 제작한 연습 공책을 세트로 구성하였다.

210×250 | 100쪽 | 15,000원

형태그리기 1~4학년
에른스트 슈베르트·로라 엠브리-스타인 지음 하주현 옮김

'형태그리기'는 발도르프 교육만의 특징적인 과목으로 새로운 방식으로 생각하는 힘을 키우기 위해 제안되었다. 수업의 주된 목적은 지성을 건강하게, 인간적인 방식으로 육성하고 발달시키도록 하는 것이다. 배움을 시작하는 1학년부터 4학년까지 학년별 형태그리기 수업에 지침서가 되는 책이다.

210×250 | 56쪽 | 10,000원

발도르프학교의 연극 수업
데이비드 슬론 지음 이은서·하주현 옮김

연극은 청소년들에게 잠들어 있던 상상력을 살아 움직이게 하고, 만드는 과정에서 다른 사람과 함께 마음을 모으는 일을 배우는 예술 작업이다. 책에는 연극 수업뿐 아니라 어떤 배움을 시작하든 학생들이 수업에 몰입할 수 있도록 만들어 주는 좋은 교육 활동 73가지의 연습이 담겨 있다. 개정판에서는 역자 이은서가 쓴 연극 제작기, 『맹진사댁 경사』 대본 일부, '한국 발도르프학교에서 무대에 올린 작품 목록'을 부록으로 담았다.

4학년 이상, 『무대 위의 상상력』 개정판
150×193 | 308쪽 | 18,000원

맨손 기하_형태그리기에서 기하 작도로
에른스트 슈베르트 지음 푸른씨앗 옮김

최초의 발도르프학교 학생이자 수십 년 동안 교사 경험을 한 저자는 미국 발도르프학교 담임 교사를 위한 8권의 책(기하 4권, 수학 4권)을 집필하였으며, 현대 수학 교육에서 소홀히 다루고 있는 기하 수업의 중요성을 일깨우기 위해 애쓰고 있다. 3차원 공간을 파악하기 시작하는 4~5학년에서 원, 삼각형, 사각형 등 형태의 특징을 알고 비교하며, 서로 어떤 관계가 존재하는지 찾는 방식을 배운다.

4~5학년   210×250 | 104쪽 | 15,000원

발도르프학교의 수학_수학을 배우는 진정한 이유
론 자만 지음 하주현 옮김

아라비아 숫자보다 로마 숫자로 산술 수업을 시작하는 것이 좋다, 사칙 연산을 통해 도덕을 가르친다, 사춘기 시작과 일차 방정식은 무슨 상관이 있을까? 세상의 원리를 알고 싶어 눈을 반짝이던 아이들이 17세쯤 되면 왜 수학에 흥미를 잃는가. 40년 동안 발도르프학교에서 수학을 가르친 저자가 수학의 재미를 찾아 주는, 통찰력 있고 유쾌한 수학 지침서. 초보 교사들도 자신 있게 수업할 수 있도록 학년별 발달에 맞는 수업을 제시하고 일상을 바탕으로 만든 수학 문제와 풍부한 예시를 실었다.

1~8학년   165×230 | 400쪽 | 25,000원

e북

배우, 말하기, 자유

피터 브리몬트 지음 이은서·하주현 옮김

 연극을 위해서 인물 분석에 몰두하기보다는 인물의 '말하기' 속에 있는 고유한 역동을 느끼고 훈련하는 것이 중요하다고 강조하고, '루돌프 슈타이너가 제안하는 6가지 기본 자세' 등 움직임에 대한 이론과, 적용을 위한 연습 30가지를 담았다. 저자가 소개하는 연습 방법에 따라 셰익스피어 작품의 주요 장면을 읽다 보면 알지 못했던 작품의 매력이 성큼 다가올 것이다.

4학년 이상 118×175 | 282쪽 | 15,000원

투쟁과 승리의 별 코페르니쿠스

하인츠 슈폰젤 지음 정홍섭 옮김

 교회의 오래된 우주관과 경직된 천문학에 맞서 혁명을 실현한 인물, 코페르니쿠스의 전기 소설. 천문학의 배움과 연구의 과정을 중심으로, 어린 시절부터 필생의 역작 『천체의 회전에 관하여』를 쓰기까지 70년에 걸친 삶의 역정을 사실적으로 묘사한다. 15세기의 유럽 모습이 담긴 지도와 삽화, 발도르프학교 7학년 아이들의 천문학 수업 공책 그림이 아름답게 수놓아져 있다.

7학년 천문학 수업 추천 도서 140×200 | 236쪽 | 12,000원

발도르프학교의 미술 수업_1학년에서 12학년까지

마그리트 위네만·프리츠 바이트만 지음 하주현 옮김

 발도르프 교육의 중심인 예술 수업은 타고난 잠재력을 꽃 피우며 조화롭게 성장하게 하고, 꾸준히 예술 활동에 참여한 아이들은 더 창의적으로 어려운 길을 잘 헤쳐 나간다. 이 책은 슈타이너의 교육 예술 분야를 평생에 걸쳐 연구한 저자가 소개하는 발도르프 교육의 '미술 영역'에 관한 자료이다. 저학년과 중학년(1~8학년)을 위한 회화와 조소, 상급 학년(9~12학년)을 위한 흑백 드로잉과 회화에 대한 설명과 그림, 괴테의 색채론을 한 단계 더 발전시킨 루돌프 슈타이너의 색채 연구를 만나게 된다.

1~12학년 188×235 | 272쪽 | 30,000원

파르치팔과 성배 찾기

찰스 코박스 지음 정홍섭 옮김

 18살 시절 나는 무엇을 하고 있었나? 내가 누구인지, 이 세상에서 해야 할 일이 무엇인지 알고자 나는 무엇을 하고 있었던가? 1960년대 중반 에든버러의 발도르프학교에서, 자아가 완성되어 가는 길목의 학생들에게 한 교사가 진행한 '파르치팔' 이야기를 상급 아이들을 위한 문학 수업으로 재현한 이야기이다. 파르치팔이 성배를 찾기 위해 자신과 싸워 나가는 이 이야기는 시대를 초월해 우리 자신에게 보편적 시대정신으로 다가와 현 시대 성배를 찾아나서도록 자신과 마주서게 한다.

9학년 이상 150×220 | 232쪽 | 14,000원

e북 오디오북

자기 계발

청소년을 위한 발도르프학교의 문학 수업_자아를 향한 여정
데이비드 슬론 지음 하주현 옮김

첨단 기술로 인해 많은 것이 완전히 달라졌다고 생각하지만 청소년들의 내면은 30년 전이나 지금이나 본질적으로 별로 달라지지 않았다. 청소년기에 내면에서 죽어 가는 것은 무엇인가? 태어나고 있는 것은 무엇인가? 9학년부터 12학년까지 극적인 의식 변화의 특징을 소개하며, 사춘기의 고뇌와 소외감에서 벗어나 자아 탐색의 여정에 들어설 수 있도록 힘을 주는 문학 작품을 소개한다.

9학년 이상 150×192 | 288쪽 | 20,000원

우주의 언어, 기하_기본 작도 연습
존 알렌 지음 푸른씨앗 옮김

시간이 흘러도 변치 않는 아름다운 공예, 디자인, 건축물을 들여다보면 그 속에는 기하가 숨어 있다. 계절마다 변하는 자연 속에는 대칭이 있고, 세계적으로 유명한 프랑스 샤르트르 노트르담 대성당의 미로 한 가운데 있는 정십삼각별 등이 있다. 컴퓨터가 아닌 손으로 하는 2차원 기하 작도 연습으로, 형태 개념의 근원을 경험하고 느낀다.

210×250 | 104쪽 | 18,000원
e북

살아있는 지성을 키우는 발도르프학교의 공예 수업
패트리샤 리빙스턴 & 데이비드 미첼 지음 하주현 옮김

발도르프학교에서 공예 수업은 1학년부터 12학년까지 진행된다. 공예 수업은 "의지를 부드럽게 깨우는 교육"이다. '익지'는 사고와 연결된다. 공예 수업을 통해 아이들은 명확하면서 상상력이 풍부한 사고를 키울 수 있다. 30년 가까이 아이들을 만난 공예 교사의 통찰이 담긴 공예 수업의 중요성과 1~12학년의 수업 소개

1~12학년 150×193 | 308쪽 | 25,000원

인생의 씨실과 날실
베티 스텔리 지음 하주현 옮김

너의 참모습이 아닌 다른 존재가 되려고 애쓰지 마라. 한 인간의 개성을 구성하는 요소인 4가지 기질, 영혼 특성, 영혼 원형을 이해하고 인생 주기에서 나만의 문명으로 직조하는 방법을 모색해 본다. 미국 발도르프 교육 기관에서 30년 넘게 아이들을 만나온 저자의 베스트셀러. "타고난 재능과 과제, 삶을 대하는 태도, 세상을 바라보는 눈은 우리도 깨닫지 못하는 사이에 인생에서 씨실과 날실이 되어 독특한 문양을 만들어 낸다."_책 속에서

150×193 | 336쪽 | 25,000원

인지학 일반

12감각
알베르트 수스만 지음 서유경 옮김

 인간의 감각을 신체, 영혼, 정신 감각으로 나누고 12감각으로 분류한 루돌프 슈타이너의 감각론을 네덜란드 의사인 알베르트 수스만이 쉽게 설명한 6일 간의 강의. 감각을 건강하게 발달시키지 못한 오늘날 아이들과 다른 형태의 고통과 알 수 없는 어려움에 시달리고 있는 어른을 위해, 신비로운 12개 감각 기관의 의미를 자세히 설명한 이 책에서 해답을 찾고자 하는 독자들이 더욱 많아지고 있다.

『영혼을 깨우는 12감각』 개정판
155×200 | 392쪽 | 28,000원 | 양장본

오드리 맥앨런의 도움수업 이해
욥 에켄붐 지음 하주현 옮김

 학습에 어려움을 겪는 아이들을 돕는 일에 평생을 바친 영국의 발도르프 교사 오드리 맥앨런이 펴낸 『도움수업The Extra Lesson』의 개념 이해를 돕는 책이다. 저자 욥 에켄붐은 오드리 맥앨런과 오랫동안 도움수업을 연구하며 주고받은 문답과 물려받은 자료들에서 중요한 내용만 추려 내어, 도움수업의 토대가 되는 인지학의 개념과 출처를 소개하고 있다. 또한 발도르프학교에서 일하면서 도움수업 연습을 수업에 활용하고 연구한 경험도 함께 녹여 넣었다.

150×193 | 334쪽 | 25,000원
e북

동화의 지혜
루돌프 마이어 지음 심희섭 옮김

 그림 형제 동화부터 다른 민족의 민담까지 지역과 시대를 넘어서는 전래 동화의 의미를 인지학적 개념을 바탕으로 살피고 있다. 어린 시절에 동화를 들려주는 것의 중요성을 깨닫고, 가슴 깊은 곳에 순수한 아이 영혼이 되살아남을 느낄 수 있을 것이다.

140×210 | 412쪽 | 30,000원 | 양장본

푸른꽃
노발리스 지음 이용준 옮김

 유럽 문학사에 큰 영향을 준 이 작품은 음유시인 하인리히 폰 오프터딩겐이 시인이 되기까지의 여정을, 동화라는 형식을 통해 표현한 작품으로 시와 전래 동화의 초감각적 의미를 밝히고 있다. 세월을 뛰어넘는 상상력의 소유자, 노발리스 탄생 250주년에 『푸른꽃』 원전에 충실한 번역으로 펴냈다.

9학년 이상   140×210 | 280쪽 | 16,000원

유아 교육

첫 7년 그림
잉거 브로흐만 지음 심희섭 옮김

 태어나서 첫 7년 동안 아이들이 그리는 그림 속에는 생명력의 영향 아래 형성된 자신의 신체 기관과 그 발달이 숨겨져 있다. 아울러 그림에 묘사된 이갈이, 병, 통증의 징후도 발견할 수 있다. 덴마크 출신의 발도르프 교육자인 저자는 이 책에서 양육자와 교사에게 사전 지식이나 전제 없이도 아이들의 그림 속 비밀을 알아볼 수 있도록 풍부한 자료를 함께 구성하였다.

\# 『아이들 그림의 비밀』 개정판
118×175 | 246쪽 | 18,000원 e북

마음에 힘을 주는 치유동화_만들기와 들려주기
수잔 페로우 지음 하주현 옮김

 '문제' 행동을 '바람직한' 행동으로 변형시키는 이야기의 힘. 골치 아픈 행동을 하는 아이들에서부터 이사, 이혼, 죽음까지 특정한 상황에 놓여 있는 아이들에게 논리적인 설득이나 무서운 훈육보다 이야기의 힘이 더 강력하다. 가정 생활과 교육 현장에서 효과를 거둔 주옥 같은 85편의 동화와 이야기의 만들기와 들려주기 연습을 소개한다.

150×220 | 424쪽 | 20,000원 e북

의학

백신과 자가 면역
토마스 코완 지음 김윤근·이동민 옮김

 건강을 위해 접종하는 백신이 오히려 만성적인 자가 면역 질환을 유발할 수 있다면? 많은 경우에 큰 문제를 일으키지 않고 주로 급성이었던 아동기 질환이, 백신이 개입하면서 평생 안고 살아가야 하는 만성적인 자가 면역 질환으로 그 성격이 변하고 있다. 토마스 코완 박사는 이러한 백신과 자가 면역, 그리고 아동기 질환의 연관성에 대해 수십 년에 걸쳐 연구한 내용을 정리하고 코완식 자가 면역 치료법을 소개한다.

136×210 | 240쪽 | 15,000원 e북

발도르프 킨더가르텐의 봄여름가을겨울
이미애 지음

 17년간 발도르프 유아 교육 기관을 운영해 온 저자가 '발도르프 킨더가르텐'의 사계절을 생생한 사진과 함께 엮어 냈다. 한국이 자연과 리듬에 맞는 동하아 라이겐(리듬적인 놀이) 시, 모둠 놀이, 습식 수채화, 손동작, 아이들과 함께 하는 성탄 동극 등 발도르프 킨더가르텐의 생활을 자세히 소개하며 관련 자료도 풍부하게 실었다.(악보 47개 수록)

150×220 | 248쪽 | 18,000원

루돌프 슈타이너 저술물과 강의물

내 삶의 발자취
루돌프 슈타이너 저술 최혜경 옮김

 루돌프 슈타이너가 직접 어린 시절부터 1907년까지 인생 노정을 돌아본 글. <인지학 협회>가 급속도로 성장하자 기이한 소문이 돌기 시작하고 상황을 염려스럽게 본 측근들 요구에 따라 주간지에 자서전 형식으로 78회에 걸쳐 연재하였다. 인지학적 정신과학의 연구 방법이 어떻게 생겨나 완성되어 가는지 과정을 파악하는 데 중요한 자료이다.

GA28　127×188 | 760쪽 | 35,000원 | 양장본 e북

인간 자아 인식으로 가는 하나의 길
루돌프 슈타이너 저술 최혜경 옮김

 인간 본질에 관한 정신과학적 인식, 8단계 명상.『고차세계의 인식으로 가는 길』의 보충이며 확장이다. "이 책을 읽는 자체가 내적으로 진정한 영혼 노동을 하도록 만든다. 그리고 이 영혼 노동은 정신세계를 진실하게 관조하도록 만드는 영혼 유랑을 떠나지 않고는 견딜 수 없는 상태로 차츰차츰 바뀐다."_책 속에서

GA16　127×188 | 134쪽 | 14,000원

신지학 : 초감각적 세계 인식과 인간 규정성에 관하여
루돌프 슈타이너 저술 최혜경 옮김

 1904년 초판. 인지학 기본서로 꼽힌다. "감각에 드러나는 것만 인정하는 사람은 이 설명을 본질이 없는 공상에서 나온 창작으로 여길 것이다. 하지만 감각 세계를 벗어나는 길을 찾는 사람은, 인간 삶이 다른 세계를 인식할 때만 가치와 의미를 얻는다는 것을 머지않아 이해하도록 배운다."_책 속에서

GA9　127×188 | 304쪽 | 20,000원

7~14세를 위한 교육 예술
루돌프 슈타이너 강의 최혜경 옮김

 루돌프 슈타이너 생애 마지막 교육 강의. 최초의 발도르프학교 전반을 조망한 경험을 바탕으로, 7~14세 아이의 발달 변화에 맞춘 혁신적 수업 방법을 제시한다. 생생한 수업 예시와 다양한 방법으로 교육 예술의 개념을 발전시켰다. 전 세계 발도르프학교 교사들의 필독서이자 발도르프 교육에 대한 최고의 소개서

GA311　127×188 | 280쪽 | 20,000원

씨앗문고

죽음, 이는 곧 삶의 변화이니!
루돌프 슈타이너 강의 최혜경 옮김

세계 대전이 막바지에 접어든 1917년 11월부터 1918년 10월까지 루돌프 슈타이너가 독일과 스위스에서 펼친 오늘날 현실과 직결되는 주옥같은 강의. 근대에 들어 인류는 정신세계에 대한 구체적인 관계를 완전히 잃어버렸지만, 어떻게 정신세계가 여전히 인간 사회에 영향을 미치는지를 보여 준다.
∘ 천사는 우리의 아스트랄체 속에서 무엇을 하는가? (90쪽)
∘ 어떻게 그리스도를 발견하는가? (108쪽)
∘ 죽음, 이는 곧 삶의 변화이니! (90쪽)

GA182, 씨앗문고1, 2, 3 105×148 | 18,000원(3권 세트)
e북

발도르프학교의 아이 관찰_6가지 체질 유형/학교 보건 문제에 관한 루돌프 슈타이너와 교사 간의 논의
미하엘라 글렉클러 강의 하주현 옮김 / 최혜경 옮김

괴테아눔 의학분과 수석인 미하엘라 글렉클러가 전 세계 발도르프 교사, 의사, 치료사들을 대상으로, 자아가 세상과 어떤 관계를 맺는지, 그 특성과 타고난 힘에 따라 학령기 아이들이 갖는 6가지 체질 유형을 소개하고, 아이를 관찰하는 방법과 교육, 의학적 측면에서 치유 방법을 제시한 강의록이다. 증보판에서는 이 강의의 바탕이 되는, 최초의 발도르프학교 슈투트가르트에서 진행된 루돌프 슈타이너와 교사회 간의 논의 기록을 추가하였다.

GA300b, 씨앗문고5, 『발도르프학교의 아이 관찰_6가지 체질 유형』
증보판 105×148 | 188쪽 | 12,000원

초록뱀과 아름다운 백합
요한 볼프강 폰 괴테 지음 최혜경 옮김

루돌프 슈타이너에게 깊은 영향을 준 괴테의 동화. 인간 정신과 영혼의 힘을 그림처럼 풍성하게 보여 준다. "커다란 강을 사이에 둔 두 세계 여기저기 사는 사람들과 환상 존재들이 하나의 목적지를 향해 가는 과정이 굉장히 압축된 시간 안에 시詩에 가까운 문학적 표현을 통해 전개되기 때문이다. 이 어려움은 괴테가 '형상앎'을 보여 주려 했다는 루돌프 슈타이너의 말을 진지하게 받아들이면 어느 정도 해소된다."_옮긴이의 글에서

씨앗문고4 105×148 | 112쪽 | 6,000원

e북 오디오북

푸른씨앗 출판사는 친환경 종이에 콩기름 잉크로 인쇄하여 책을 만듭니다.

겉지　한솔제지 인스퍼에코 210g
속지　무림제지 네오스타 백색 100g
인쇄　(주) 도담프린팅 | 031-945-8894
글꼴　윤서체_윤명조 700_10pt
책 크기　188×235

이 책의 표지에는 〈Mapo애민, 을유1945, 아리따 돋음, 아리따 부리, SF함박눈〉, 내지는 〈Mapo꽃섬, Mapo금빛나루, Apple Chancery Chancery, DX시인과 나, KCC-정범체, Minion PRo,, Noto Sans CJK KR, SF함박눈, Yoon 윤명조 700, Yoon 윤고딕 700, 윤고딕340, 윤고딕350, Yoon Cre명조, 나눔고딕, 나눔바른고딕〉 서체를 사용했습니다.